Mehler-Schulte-Tigges

Geometrische Aufgaben und Übungen

Oberstufe

W de G

Geometrische Aufgaben
und Übungen
für höhere Lehranstalten

aus

Mehlers Hauptsätzen der Elementar-Mathematik
(Ausgabe B)

bearbeitet von

Oberstudiendirektor Schulte-Tigges

Oberstufe

Berlin und Leipzig 1925

Verlag von Walter de Gruyter & Co.

vormals G. J. Göschen'sche Verlagshandlung - J. Guttentag, Verlagsbuchhandlung - Georg Reimer - Karl J. Trübner - Veit & Comp.

Druck von Walter de Gruyter & Co., Berlin W. 10

Vorwort.

Die hiermit aus der Oberstufe von Mehlers Hauptsätzen der Elementar-Mathematik abgetrennte, bedeutend erweiterte Sammlung von Aufgaben und Übungen umfaßt sämtliche Gebiete der Mathematik, die für eine Behandlung auf der Oberstufe in Frage kommen, mit Ausnahme der reinen Arithmetik und Algebra. Die Bezeichnung „Geometrische Aufgaben" ist also nur insofern zutreffend, als überall wenigstens eine Anlehnung an die Geometrie hervortritt. Eine Zusammenstellung der Lösungen in Verbindung mit methodischen Bemerkungen wird demnächst erscheinen, ebenso ist eine Sammlung der noch fehlenden arithmetischen Aufgaben in Vorbereitung.

Eine Angabe wie O I §§ 1—4 weist auf die §§ 1—4 des ersten Teils der Oberstufe des Lehrbuches hin.

Die Aufgaben IV §§ 4—7, V §§ 1—9, VI §§ 1, 3 und 4 stammen von dem verstorbenen Herrn Professor Frenzel in Lauenburg i. P., die Aufgaben IV §§ 8 aus dem ursprünglichen Mehlerschen Stammbuch.

Cassel, im Mai 1925.

A. Schulte-Tigges.

Inhalt.

Erster Teil: Einleitung in die neuere Geometrie.

Erster Abschnitt.

Harmonische Punkte und Strahlen.

§ 1. **Übungen** (zu O I §§ 1—4):

1. Eine Strecke AB sei innen in C und außen in D nach dem Verhältnis $m : n$ geteilt. Drücke alle Strecken, die auf AD liegen *a*) durch AB, *b*) durch AD aus. Zahlenbeispiel: α) $m : n = 3 : 2$, β) $m : n = 5 : 3$.

2. Gibt eine Saite von der Länge AD (vgl. 1) den Grundton an und BD die Quint (Schwingungsverhältnis 3 : 2), so gibt CD die große Terz (5 : 4), die drei Saiten also den harmonischen Durakkord. Anl.: Bestimme auf Grund des Vordersatzes den Zahlenwert von $m : n$, wobei zu berücksichtigen ist, daß die Saitenlängen sich umgekehrt wie die Schwingungszahlen verhalten, und benutze die Ergebnisse von 1.

3. Eine harmonisch geteilte Strecke ist das harmonische Mittel zu den Abständen der Teilpunkte von dem nicht zwischen ihnen liegenden Endpunkt der Strecke. (Eine Größe heißt das harmonische Mittel zu zwei andern, wenn ihr reziproker Wert das arithmetische Mittel zu den reziproken Werten der andern ist). Anl.: Stelle hiernach die Behauptung auf und zeige ihre Richtigkeit unter Benutzung von 1.

4. Die Hälfte einer harmonisch geteilten Strecke ist das geometrische Mittel zu den Abständen der Teilpunkte vom Halbierungspunkt der Strecke. Anl.: Bilde von der harmonischen Proportion die Produktengleichung und drücke darin alle Strecken durch die in der Behauptung vorkommenden aus.

5. Jede Winkelhalbierende eines Dreieck wird durch die Mittelpunkte des einbeschriebenen und des zugehörigen anbeschriebenen Kreises harmonisch geteilt (O § 3, 1).

6. Betrachte in derselben Weise die Halbierungslinie eines Außenwinkels.

7. Steht in einem Kreise eine Sehne auf einem Durchmesser senkrecht, so wird a) der Durchmesser von den Verbindungslinien eines beliebigen Kreispunktes mit den Endpunkten der Sehne, b) die Sehne von den Verbindungslinien eines beliebigen Kreispunktes mit den Endpunkten des Durchmessers harmonisch geteilt. Anl.: Verbinde den Kreispunkt mit den Endpunkten a) des Durchmessers, b) der Sehne und wende O § 2, 2b an.

8. Jeder Durchmesser eines Kreises wird von einer darauf senkrechten Sehne und den Tangenten in ihren Endpunkten harmonisch geteilt. (O § 2, 2b).

9. Ein Dreieck von einem gegebenen Punkt aus durch eine Transversale so zu schneiden, daß dieser Punkt und die drei Schnittpunkte harmonische Punkte werden. (O § 3, 3).

10. Desgleichen ein Viereck von einem Punkt auf einer Seite aus. (O § 3, 3).

11. Von einem harmonischen Strahlenbüschel ist ein Strahl gegeben und je ein Punkt der drei anderen Strahlen; den Scheitel zu bestimmen. (O § 1, 5).

12. Von vier harmonischen Punkten ist einer gegeben und je eine Gerade als Ort der drei andern; die übrigen Punkte zu bestimmen. (O § 3, 3).

§ 2. Übungen zum Apollonischen Kreis.

1. Der Ort aller Punkte, deren Entfernungen von zwei gegebenen Punkten (A und B) ein gegebenes Verhältnis ($m:n$) haben, ist der Kreis, der den Abstand der beiden Punkte nach diesem Verhältnis teilt und den Abstand der Teilpunkte zum Durchmesser hat. (Kreis des Apollonius).

Anl.: Ist F ein Punkt des Ortes und C und D die Teilpunkte, die AB innen und außen nach dem Verhältnis $m:n$ teilen, so sind FB und FA die Halbierungslinien vom Innen- und Außenwinkel im Dreieck FAB; daher ist $\sphericalangle CFD = R$.

2. Δ aus c, $a:b=m:n$ und α) h_c, β) t_c, γ) w_c, δ) r, ε) h_a, ζ) t_a. Zahlenbeispiel: $c = 65$ mm, $m = 5$, $n = 3$; $h_c = 52$, $t_c = 70$, $w_c = 40$, $r = 37$, $h_a = 60$, $t_a = 62$ mm.

3. Δ aus u, v (den Abschnitten auf c, die durch w_c entstehen, u an A, v an B) und α)—ζ) wie bei 1. Zahlenbeispiel: $u = 27$, $v = 44$, $h_c = 22$, $t_c = 50$, $w_c = 66$, $r = 40$, $h_a = 62$, $t_a = 80$ *mm*.

4. Δ aus $a:b$, t_c und α) h_c, β) t_a. Zahlenbeispiel: $a:b = 4:7$, $t_c = 48$, $h_c = 41$, $t_a = 42$ mm.

5. Einen Punkt zu zeichnen, dessen Abstände von drei gegebenen Punkten sich wie $m:n:p$ verhalten. Beispiel: $m = 7$, $n = 5$, $p = 4$.

§ 3. Übungen zum vollständigen Vierseit (O I § 5).

1. Verbindet man in einem Trapez den Schnittpunkt der Schenkel mit dem Schnittpunkt der Diagonalen, so halbiert die Verbindungslinie die parallelen Seiten und wird selbst durch sie harmonisch geteilt.

2. Zieht man zwischen den Schenkeln eines Winkels beliebig viele Parallelen und in den entstandenen Trapezen die Diagonalen, so liegen deren Schnittpunkte mit dem Scheitel des Winkels in einer Geraden. Anl.: Zeige, daß die Verbindungslinien des Scheitels mit zwei aufeinanderfolgenden Schnittpunkten die zwischen den letzteren liegende Parallele in demselben Punkt treffen (vgl. 1).

3. Legt man durch die Schenkel eines Winkels von einem beliebigen Punkt aus ein Strahlenbüschel und zieht in den zwischen den Schenkeln entstandenen Vierecken die Diagonalen, so liegen deren Schnittpunkte mit dem Scheitel des Winkels in einer Geraden. Anl.: wie zu 2.

4. Schneiden sich in einem Dreieck drei Ecktransversalen in einem Punkt und verbindet man die Fußpunkte zweier derselben, so erweist sich diese Verbindungslinie, die dritte Ecktransversale und die Gegenseite als harmonisch geteilt.

5. Durch einen gegebenen Punkt nach dem unzugänglichen Schnittpunkt zweier gegebenen Geraden die Gerade zu ziehen[1]) (vgl. 3).

6. Einen Punkt auf der Verlängerung einer Strecke zu bestimmen, ohne diese selbst zu verlängern[1]). (O § 5, 3a).

7. Eine Gerade über ein Hindernis hinaus zu verlängern[1]) (vgl. 6).

8. Durch einen Punkt zu einer Geraden die Parallele zu ziehen, wenn auf der Geraden eine halbierte Strecke angegeben ist[1]) (vgl. 1).

9. Eine Strecke zu halbieren, wenn eine Parallele zu ihr gegeben ist[1]) (vgl. 1).

Zweiter Abschnitt.

Von den Kreispolaren.

§ 4. Übungen zu O I §§ 6—10.

1. Der Halbmesser eines Kreises ist mittlere Proportionale zu den Abständen zugeordneter Pole vom Mittelpunkt (vgl. § 1, 4).

2. Jeder Kreis, der über dem Abstand zweier zugeordneten Pole eines Kreises als Sehne geschlagen wird, schneidet den letzteren rechtwinklig (vgl. 1).

3. Zeichnet man zu vier harmonischen Punkten in bezug auf einen beliebigen Kreis die Polaren, so gehen diese durch einen Punkt und bilden ein harmonisches Strahlenbüschel. Anl.: O § 9, 1. Verbinde die vier Punkte mit dem Kreismittelpunkt.

4. Zeichnet man zu vier harmonischen Strahlen in bezug auf einen beliebigen Kreis die Pole, so liegen diese auf einer Geraden und sind harmonische Punkte. Anl.: O § 9, 2a. Fälle vom Mittelpunkt die Lote auf die Strahlen.

5. Zieht man zu einem Punkt einer Sekante die Polare und von einem beliebigen Punkt der Polare die Tangenten an den Kreis, so wird das zwischen den Tangenten liegende Stück der Sekante von Pol und Polare harmonisch geteilt. Anl.: Betrachte die Punkte auf der Berührungssehne der Tangenten und das durch sie gehende Strahlenbüschel.

6. In jedem vollständigen Sehnenvierseit bilden die äußeren Ecken mit dem Schnittpunkt der inneren Diagonalen ein Poldreieck, d. h. ein Dreieck, in dem jede Ecke der Pol der Gegenseite ist.

7. Einen Kreis mit vorgeschriebenem Halbmesser zu zeichnen, in bezug auf den zwei gegebene Punkte P und Q zugeordnete Pole sind. Anl.: Lösung auf Grund von 1 unter Bildung einer quadratischen Gleichung für den Abstand von P (oder Q) vom Mittelpunkt.

8. Einen Kreis zu zeichnen, in bezug auf den zwei gegebene Punkte P und Q zugeordnete Pole sind und der durch einen gegebenen Punkt A geht. Anl.: a) Denke dir den Kreis gezeichnet und A mit P, Q und den Endpunkten des durch P und Q gehenden Durchmessers verbunden und berücksichtige O §§ 4, 1. b) Zeichne die Polare zu P und berücksichtige O § 6, 2a.

---

[1]) Nur mit Hilfe des Lineals.

9. Einen Kreis zu zeichnen, in bezug auf den ein gegebener Punkt P und eine gegebene Gerade L Pol und Polare sind und der eine gegebene Gerade G berührt. Anl.: Denke dir den Kreis gezeichnet und vom Schnittpunkt von L und G die andere Tangente an den Kreis gezogen und berücksichtige 5.

Dritter Abschnitt.

Von den Transversalen.

§ 5. Übungen zu O. I §§ 11—17.

1. Mit Hilfe der Umkehrung des Satzes des Ceva zu beweisen, daß sich die folgenden Ecktransversalen eines Dreiecks in einem Punkt schneiden: a) die Seitenhalbierenden, b) die Winkelhalbierenden, c) die Höhen, d) die Ecktransversalen nach den Berührungspunkten des einbeschriebenen Kreises, e) die Ecktransversalen nach den Berührungspunkten der den Gegenseiten anbeschriebenen Kreise, f) die Ecktransversalen nach den Berührungspunkten eines anbeschriebenen Kreises.

2. Die Punkte, in denen die Halbierungslinien zweier Innenwinkel und des dritten Außenwinkels eines Dreiecks die Gegenseiten treffen, liegen auf einer Geraden.

3. In welchem Verhältnis teilt eine Ecktransversale eines Dreiecks die Gegenseiten, wenn die Ecktransversalen der beiden anderen Ecken mit ihr durch einen Punkt gehen und ihre eigenen Gegenseiten im Verhältnis $m : n$ und $p : q$ teilen? Zahlenbeispiel: $m = 5$, $n = 4$, $p = 2$, $q = 3$. Anl.: Ist $BX : CX = m : n$, so setze $BX = \lambda_1 . m$ und $CX = \lambda_1 \cdot n$ und verfahre so bei allen Seiten.

4. In welchem Verhältnis teilt eine Transversale eines Dreiecks eine Dreiecksseite, wenn sie die beiden anderen im Verhältnis $m : n$ und $p : q$ teilt? Zahlenbeispiel: $m = 2$, $n = 3$, $p = 1$, $q = 2$. Anl. wie zu 3.

5. Den Satz des Pascal für ein Sechseck mit teilweise gekreuzten Seiten zu beweisen.

6. Desgleichen den Satz des Brianchon.

7. Den Satz des Pascal unmittelbar zu beweisen

a) für ein Sehnenfünfeck (Beweis entsprechend O § 14),

b) für ein Sehnenviereck (Beweis bei Tangenten in zwei Gegenecken durch Aufsuchung der Polaren zu X, Y und Z, bei Tangenten in zwei Nebenecken entsprechend O § 14),

c) für ein Sehnendreieck (Beweis entsprechend O § 14).

8. In einem Kreise ist ein Sehnenfünfeck gegeben; in einem Eckpunkt die Tangente nur mit Hilfe des Lineals zu ziehen.

9. In einem Punkte eines Kreises die Tangente nur mit Hilfe des Lineals zu ziehen.

10. In einem Tangentenfünfeck die Berührungspunkte nur mit Hilfe des Lineals zu bestimmen.

Zweiter Teil: Darstellende Geometrie.

Erster Abschnitt.

Die Parallelprojektion.

A. Schiefwinklige Projektion.

O II §§ 2—4.

§ 1. Übungen aus der Kristallographie.

1. Einen Würfel an den Ecken abzustumpfen um a) $\frac{1}{4}$, b) $\frac{1}{3}$, c) $\frac{1}{2}$ der Kantenlänge.

Anleitung: Verkürze die Kanten in dem angegebenen Verhältnis und bestimme hiernach die Abstumpfungsflächen.

2. Einen Würfel an den Kanten abzustumpfen um a) $\frac{1}{4}$, b) $\frac{1}{3}$, c) $\frac{1}{2}$ der Kantenlänge.

Anleitung: Zeichne zunächst die von den Würfelflächen noch verbleibenden Stücke und bestimme dann die neuen Ecken, in denen die benachbarten Abstumpfungsflächen sich schneiden.

3. Die Aufgabe 1 für ein regelm. Oktaeder zu lösen.

4. Desgl. die Aufgabe 2.

5. Desgl. die Aufgabe 1 für ein regelm. Tetraeder.

6. Desgl. die Aufgabe 2.

7. Das Pentagon-Dodekaeder als Halbflächner des Pyramidenwürfels zu zeichnen.

8. Das Rhombendodekaeder an den vierkantigen Ecken um $\frac{1}{4}$ der Kantenlänge abzustumpfen.

9. Desgl. an den dreikantigen Ecken.

10. Desgl. an den Kanten.

11. Ein Oktaeder des quadratischen Kristallsystems zu zeichnen (2 Arten: stumpf und spitz).

12. Eine Säule desselben Systems zu zeichnen, abgeschlossen a) durch parallele Endflächen, b) durch Pyramiden, c) durch um 45° gedrehte Pyramiden (zweiter Ordnung).

13. Ein Oktaeder des rhombischen Kristallsystems zu zeichnen.

14. Eine Säule desselben Systems zu zeichnen, abgeschlossen wie in 12a—c.

15. Eine Säule des hexagonalen Kristallsystems zu zeichnen, abgeschlossen a) durch parallele Endflächen, b) durch hexagonale Pyramiden.

16. Das Rhomboeder als Halbflächner der hexagonalen Doppelpyramide zu zeichnen.

§ 2. Übungen zur Schattenlehre: Zeichne einfache Körper, die in verschiedener Stellung auf der Grundebene stehen, in schiefer Parallelprojektion (gegebenenfalls mit Hilfe eines Grundrisses) und entwirf ihren Eigenschatten sowie den Schlagschatten, den sie auf der Grundebene hervorrufen und a) auf einer senkrechten, dem Beschauer voll zugekehrten Wand, b) auf einer senkrechten, dem Beschauer schief zugekehrten Wand, c) auf einem auf der Grundebene liegenden Rechtkant in der Lage a, d) auf einem solchen Rechtkant in der Lage b.

B. Rechtwinklige Projektion.

O II §§ 6—9.

§ 3. Übungen[1]: **1.** Wie kann man an den Projektionen P' und P'' erkennen, ob P der Halbierungsebene des ersten oder des zweiten Quadranten angehört?

2. Die Projektionen eines Punktes zu zeichnen, der
a) 12 *mm* vor Π_2 u. 23 *mm* unter Π_1, b) 15 mm hinter Π_2 u. 0 mm unt. Π_1,
c) 25 „ hinter „ „ 13 „ über „ , d) 0 „ „ „ „ 18 „ „ „ ,
e) 27 „ vor „ „ 33 „ „ „ , f) 32 „ „ „ „ 14 „ „ „
liegt.

3. Wie bewegen sich P' und P'', wenn P sich a) $\perp \Pi_1$, b) $\perp \Pi_2$, c) parallel zur Achse bewegt oder sich d) um eine zu Π_1, e) um eine zu Π_2 senkrechte Achse dreht?

4. Ein Punkt P soll um eine in Π_1 oder Π_2 gelegene Gerade g gedreht („herabgeschlagen") werden, bis er in Π_1 oder Π_2 hineinfällt.

5. Weshalb kann man nicht auf die Lage einer Geraden schließen, wenn ihre Projektionen eine zur Achse senkrechte Gerade bilden? (Bedeutung des Seitenrisses und der Spurpunkte).

6. Wie kann man an den Projektionen einen Geraden erkennen, ob sie einer der Halbierungsebenen der Quadranten angehört?

7. Wie kann man an den Projektionen erkennen, ob ein gegebener Punkt auf einer gegebenen Geraden liegt?

8. Gegeben sind die Spurpunkte P_1 und P_2 einer Geraden; ihre Projektionen zu zeichnen.

9. Durch einen gegebenen Punkt P die Parallele zu einer gegebenen Geraden zu ziehen. (Wie liegen die Projektionen paralleler Geraden?)

10. Die Neigungswinkel einer gegebenen Geraden zu Π_1 und Π_2 zu bestimmen ohne Drehung der Geraden. Anl.: Stelle für den Neigungswinkel ein rechtwinkliges Dreieck her und klappe es in die betreffende Projektionsebene um.

11. Durch P eine Gerade zu legen, die a) $\perp \Pi_1$, b) $\perp \Pi_2$, c) parallel zur Achse, d) senkrecht zur Achse, e) $\parallel \Pi_1$ und unter 30^0 zu Π_2, f) $\parallel \Pi_2$ und unter 45^0 zu Π_1 verläuft.

---

[1]) Neue Aufgaben lassen sich vielfach als Umkehrungen bilden, indem gegebene und gesuchte Stücke ausgetauscht werden.

Wenn Punkte und Gerade als gegeben oder gesucht bezeichnet sind, so sind immer ihre Projektionen gemeint, bei den Ebenen die Spuren.

12. Wie kann man an den Projektionen zweier Geraden erkennen, ob sie sich schneiden, parallel oder windschief sind? Welchen Verlauf zeigen in den beiden ersten Fällen die Verbindungslinien gleichnamiger Spurpunkte?

13. Die Neigungswinkel einer durch ihre Spuren gegebenen Ebene zu Π_1 und Π_2 zu bestimmen.

14. Wie läßt sich erkennen, ob eine gegebene Gerade in einer gegebenen Ebene liegt?

15. Desgleichen bei einem gegebenen Punkt. Anl.: Verbinde den gegebenen Punkt mit einem Punkt der Ebene, z. B. mit einem Punkt von e_1 (oder e_2) und stelle fest, ob die Verbindungslinie in der Ebene liegt.

16. Gegeben eine Ebene und der Grundriß einer darin gelegenen Geraden; den Aufriß zu bestimmen.

17. Desgleichen für einen Punkt.

18. Durch zwei gegebene Gerade die Ebene zu legen, wenn sie a) parallel sind, b) sich schneiden.

19. Durch einen gegebenen Punkt und eine gegebene Gerade die Ebene zu legen. Anl.: Lege durch den Punkt zunächst die parallele Gerade.

20. Durch einen gegebenen Punkt die Ebene zu legen, die a) senkrecht zur Achse, b) $\perp \Pi_1$ und unter 40^0 zu Π_2, c) parallel zur Achse und unter 55^0 zu Π_1 (Seitenriß!) verläuft.

21. Den Winkel zwischen den Spuren einer Ebene zu bestimmen. Anl.: Stelle für den gesuchten Winkel ein Dreieck her durch Verbindung eines Punktes von e_2 mit einem Punkte von e_1, zeichne die Projektionen und bestimme die wahre Länge dieser Strecke.

22. Gegeben ein Dreieck durch die Projektionen seiner Ecken. Das Dreieck in seiner wahren Größe und Gestalt durch Umklappen der Dreiecksebene um eine ihrer Spuren zu zeichnen (vgl. 21).

23. Wie verlaufen die Projektionen a) der ersten (zweiten) Streichlinien, b) der ersten (zweiten) Fallinien einer Ebene?

Anm.: Die ersteren sind die Geraden der Ebene, die Π_1 (Π_2) parallel laufen; die letzteren sind hierzu senkrecht, also die Linien größter Neigung zu den Projektionsebenen.

24. Was gilt von den Projektionen zweier Geraden, die aufeinander senkrecht stehen (oder sich windschief senkrecht kreuzen) und von denen die eine Π_1 oder Π_2 parallel ist?

25. Von einem Punkt außerhalb einer Ebene das Lot auf sie zu fällen.

26. Die Durchschnittslinie zweier Ebenen zu bestimmen, wenn beide die Achse schneiden und a) eine senkrecht zur Achse, b) die eine $\perp \Pi_1$, die andere $\perp \Pi_2$, c) beide $\perp \Pi_1$, d) beide $\perp \Pi_2$ sind.

27. Desgleichen, wenn die eine Ebene die Achse schneidet und die andere a) $\| \Pi_1$, b) $\| \Pi_2$, c) parallel zur Achse, aber schief zu Π_1 und Π_2 ist.

28. Desgleichen, wenn beide Ebenen a) parallel zur Achse sind, b) die Achse in demselben Punkt schneiden.

C. Parallelprojektion ebener Figuren, Affinität.

§ 4. Übungen zu O II §§ 12—15.

1. Gegeben die Achse und zwei affine Punkte P und P'. Zu einem dritten Punkt Q den affinen Punkt nur durch Ziehen von Parallelen zu zeichnen. Anl.: Verbinde P mit P' und beide mit einem Punkt der Achse. Das entstandene Dreieck ist alsdann von Q aus der Gestalt nach durch Parallelen nachzubilden. Diese Zeichnungsweise ist besonders bequem, wenn viele Punkte abzubilden sind.

2. Gegeben die Achse, die Strahlenrichtung und das Affinitätsverhältnis (3 : 4). Gesucht zwei affine Punkte (2 Fälle, vgl. O § 15, Anm.).

3. Gegeben 2 Paare von affinen Punkten und das Affinitätsverhältnis (3 : 2). Gesucht die Achse. (2 Lösungen).

4. Gegeben 2 Punkte. Durch einen dritten Punkt eine Gerade so zu legen, daß die gegebenen Punkte in einem vorgeschriebenen Affinitätsverhältnis (2 : 1) zu ihr als Achse affin werden (2 Lösungen).

5. Gegeben zwei Gerade. Eine dritte Gerade so zu ziehen, daß jene bei gegebener Strahlenrichtung und gegebenem Affinitätsverhältnis (5 : 2) zu ihr als Achse affin werden. (2 Lösungen).

6. Gegeben zwei Geradenkreuze. Eine Gerade so zu ziehen, daß die Geradenkreuze zu ihr als Achse affin werden. (2 Lösungen, je nachdem man die Geraden einander zuordnet).

7. Zu einer gegebenen geradlinigen Figur die affine zu zeichnen, wenn die Achse und zwei affine Punkte gegeben sind. Anl.: Bilde alle Ecken ab (vgl. 1) oder einzelne Ecken und die von ihnen ausgehenden Seiten oder Diagonalen.

8. Weshalb und in welcher Weise ist die Kurve $y = c.\ f(x)$ zu $y = f(x)$ affin, wenn c eine konstante Zahl bedeutet?

9. Weshalb und in welcher Weise ist bei der schiefwinkligen Parallelprojektion mit Hilfe eines Grundrisses (O Fig. 15) der umgeklappte wirkliche Grundriß zu dem abgebildeten Grundriß affin?

10. Hat man zwei Ecken eines Dreiecks affin abgebildet, so ist das Bild der dritten Ecke durch 3 gerade Linien bestimmt.

11. Ein rechteckiges Fenster von 1 m Breite und 1,80 m Höhe ist durch eine schmale senkrechte und zwei ebensolche wagerechte Leisten (deren Breiten zu vernachlässigen sind) in 6 gleich große Rechtecke geteilt. Es befindet sich in der Mitte der Außenwand eines 5 m breiten Zimmers, und zwar liegt die untere Kante 1 m über dem Fußboden. Das Bild des Fensters auf dem Fußboden (oder der Seitenwand) zu entwerfen, wenn die Sonnenstrahlen so einfallen, daß sich die der Seitenwand abgekehrte untere Ecke in einem Punkt abbildet, der a) auf dem Fußboden 1,5 m von der Außenwand und 3 m von der Seitenwand, b) auf dem Fußboden 1,5 m von der Außenwand und 0 m von der Seitenwand, *c*) 1 m von der Außenwand und 0,5 m hoch an der Seitenwand, d) auf dem Fußboden 1,5 m von der Außenwand und 1,25 m von der Seitenwand entfernt liegt.

Anl.: Zeichne Außenwand, Fußboden und Seitenwand wie Auf-, Grund- und Seitenriß. Zeichne außerdem die Wände mit Fenster und Fensterbild in schiefer Parallelprojektion.

Trigonometrische Frage: Wie hoch steht jedesmal die Sonne und in welcher Himmelsrichtung, wenn die Außenwand nach Süden und die Seitenwand nach Osten gerichtet ist?

§ 5. Übungen zu O II § 16.

1. Hat man für zwei affine Punkte die rechtwinkligen Geradenkreuze gezeichnet und verschiebt das eine parallel, so verschiebt sich auch das andere parallel (weshalb?). Durch eine einmalige Zeichnung für zwei beliebige affine Punkte ist daher die Lage dieser Geradenkreuze für alle anderen affinen Punkte bestimmt.

2. Die affinen rechtwinkligen Geradenkreuze für zwei affine Punkte zu zeichnen, die in der Achse zusammenfallen, wenn außerdem zwei andere (nicht in der Achse liegende) affine Punkte gegeben sind (vgl. 1).

3. Bei gegebener Achse und Strahlenrichtung ein Geradenkreuz so abzubilden, daß das affine Geradenkreuz a) einen rechten Winkel, b) einen gegebenen Winkel α bildet. (Besonderer Fall: eine der gegebenen Geraden parallel zur Achse). Möglichkeit der Lösung.

4. Bei gegebener Achse und Strahlenrichtung ein harmonisches Büschel so abzubilden, daß zwei der neuen harmonischen Strahlen aufeinander senkrecht stehen.

5. Bei gegebener Achse und Strahlenrichtung zu einem gegebenen Dreieck ein affines zu zeichnen, das in vorgeschriebener Weise gleichschenklig ist. Anl.: Berücksichtige, daß die Verbindungslinie der Spitze mit der Mitte der Grundlinie bei dem gleichschenkligen Dreieck mit der Grundlinie rechte Winkel bildet, und vgl. 3a.

6. Bei gegebener Achse zu einem Dreieck ein affines gleichseitiges Dreieck zu zeichnen. Anl.: Verschaffe dir an einer Ecke des gegebenen Dreiecks (oder an dem Mittelpunkt einer Seite) durch eine Parallele zu einer Seite zwei Winkel, deren Größe bei dem affinen gleichseitigen Dreieck bekannt ist, und verfahre nach 3.

7. Bei gegebener Achse und Strahlenrichtung zu einem gegebenen Parallelogramm a) einen affinen Rhombus, b) ein affines Rechteck zu zeichnen. Anl.: a) Berücksichtige, daß die Diagonalen des Rhombus aufeinander senkrecht stehen und bilde zunächst den Mittelpunkt ab. b) Bilde zunächst eine Ecke ab oder ziehe durch den Mittelpunkt die Parallelen zu den Seiten (die Mittellinien) und bilde zunächst diese Mitte ab.

8. Bei gegebener Achse zu einem gegebenen Parallelogramm ein affines Quadrat zu zeichnen. Anl.: Bedenke, daß im Mittelpunkt des Quadrats sowohl die Diagonalen als auch die Mittellinien rechtwinklige Geradenkreuze bilden. (Was ergibt sich, wenn das gegebene Parallelogramm selbst ein Quadrat ist?).

9. Welche stereometrische Bedeutung erlangen die Aufgaben 4—8, wenn man sich die Bildebene um die Achse gedreht denkt, so daß die Projektionsstrahlen die Kanten von Prismen bilden?

§ 6. Übungen zu O II §§ 17—19.

1. Übertrage auf Grund von O § 11 die Sätze von den Kreispolaren sowie die von Pascal und Brianchon auf die Ellipse.

2. Ein Kreis von 2,5 cm Halbmesser hat von einer Geraden einen Mittelpunktsabstand von 3 cm. Das affine Bild des Kreises in bezug auf jene Gerade als Achse zu zeichnen, wenn das Bild des Kreismittelpunkts von diesem 8 cm entfernt ist und die Verbindungslinie die Achse unter 60° schneidet. Die Achsen des Kreisbildes zuerst zu bestimmen.

3. Einen Kreis durch Strahlen abzubilden, die senkrecht zur Achse verlaufen. Welche Form hat die Ellipse, je nachdem das Affinitätsverhältnis $p : q \gtreqless 1$ ist?

4. Einen Kreis affin abzubilden, wenn die Achse als Kreistangente und das Bild des Kreismittelpunktes gegeben sind.

5. Einen Kreis mit Hilfe des umbeschriebenen regelmäßigen Achtecks (oder zweier verschränkt liegenden Quadrate) affin abzubilden, wenn Achse und Bild des Mittelpunkts gegeben sind.

6. Ein Kreis sei unter Benutzung eines Durchmessers als Affinitätsachse durch schief laufende Strahlen abgebildet worden (O Fig. 40). Die Achsen der Ellipse unter Berücksichtigung der Übung § 5, 2 zu bestimmen.

7. Ein kreisförmiges Fenster, dessen Rahmen einen Durchmesser von 1 m besitzt, ist durch je eine schmale senkrechte und wagerechte Leiste in 4 gleiche Teile geteilt. Es befindet sich in der Mitte einer 4 m breiten Wand, und zwar mit seiner eigenen Mitte 2 m über dem Fußboden. Das Bild des Fensters auf dem Fußboden (oder der Seitenwand) zu zeichnen, wenn der Mittelpunkt des Fensters sich auf dem Fußboden oder der Seitenwand wie in § 4, 11 abbildet.

§ 7. Übungen zu O II § 20.

1. Bei gegebener Achse zu einer durch zwei zugeordnete Durchmesser gegebenen Ellipse einen affinen Kreis zu zeichnen. Anl.: Verbinde die Endpunkte der Durchmesser zu einem Parallelogramm und ziehe darin die Mittellinien, die selbst wieder zugeordnete Durchmesser sind (weshalb?), oder zeichne das Tangentenparallelogramm und darin die Diagonalen. In beiden Fällen ist zu dem Parallelogramm das affine Quadrat zu zeichnen (vgl. § 5, 8).

2. Bei gegebener Affinitätsachse zu einer Ellipse, die durch eine ihrer Achsen (AB) und einen ihrer Punkte (P) gegeben ist, einen affinen Kreis zu zeichnen. Anl.: Ziehe durch die Mitte der gegebenen Achse die andere Achse und die Parallelen zu AP und BP und bedenke, daß die affinen Geradenkreuze im Kreise rechtwinklig sind.

3. Eine Ellipse ist durch zwei zugeordnete Durchmesser gegeben. Bestimme, ohne daß die Ellipse selbst gezeichnet wird, a) ihre Durchschnittspunkte mit einer gegebenen Geraden und die Tangenten in diesen Punkten, b) die Tangenten an die Ellipse von einem außerhalb gelegenen Punkt, c) die Polare eines außerhalb (oder innerhalb) gelegenen Punktes, d) den Pol einer außerhalb (oder innerhalb) gelegenen Geraden.

Anl.: Zeichne zuerst zu der Ellipse einen affinen Kreis und zu dem gegebenen Raumgebilde (Punkt, Gerade) das affine Bild. Führe alsdann an der Kreisfigur die verlangte Zeichnung aus und übertrage sie affin auf die Ellipse.

4. Von einer Ellipse ist die eine Achse und ein Punkt gegeben; die Tangente in diesem Punkt zu zeichnen. Anl.: Benutze den Kreis, der die Achse zum Durchmesser hat, als affinen Kreis und bedenke, daß sich affine Tangenten auf der Affinitätsachse schneiden.

5. Von einer Ellipse ist eine Achse und eine Tangente gegeben; den Berührungspunkt zu bestimmen. Anl.: wie zu 4.

§ 8. Übungen zu O II § 21.

1. Auf einer von zwei zueinander senkrechten Ebenen liegt ein Kreis vom Halbmesser r cm, dessen Mittelpunkt um d cm von der Schnittgeraden (Achse) entfernt ist. Der durch den Mittelpunkt gehende Projektionsstrahl ist gegen die andere Ebene (Bildebene) um α^0 geneigt und seine rechtwinklige Projektion auf sie bildet mit der Achse den Winkel β. Das affine Bild des Kreises zu zeichnen und seine Gleichung zu bestimmen.

a) $\alpha = 45^0$, $\beta = 90^0$; b) $\alpha = 60^0$, $\beta = 90^0$; c) $\alpha = 30^0$, $\beta = 90^0$;
d) $\alpha = 45^0$, $\beta = 45^0$; e) $\alpha = 45^0$, $\beta = 30^0$; f) $\alpha = 45^0$, $\beta = 60^0$;
g) $\alpha = 60^0$, $\beta = 60^0$; h) $\alpha = 60^0$, $\beta = 45^0$; i) $\alpha = 60^0$, $\beta = 30^0$;
k) $\alpha = 30^0$, $\beta = 30^0$; l) $\alpha = 30^0$, $\beta = 45^0$; m) $\alpha = 30^0$, $\beta = 60^0$.

Anl.: Entwirf zunächst eine stereometrische Zeichnung und bestimme in der Bildebene von dem Bild des Kreismittelpunkts zeichnerisch und rechnerisch den Abstand von der Achse und den Seitenabstand auf der Achse von dem Fußpunkt des Lotes d. Darauf denke dir die Figurebene um die Achse in die (über die Achse hinaus erweiterte) Bildebene herumgeklappt. Das Kreisbild kann dann gezeichnet werden. Für die Bestimmung seiner Gleichung legt man die $\eta =$ Achse durch den Kreismittelpunkt, so daß der Kreis die Gleichung $\xi^2 + (\eta - d)^2 = r^2$ bekommt.

2. Entsprechende Aufgaben zu lösen, wenn der Winkel der beiden Ebenen nicht 90^0, sondern 45^0, 60^0 oder 30^0 ist. Beispiele: a) $\alpha = 45^0$, $\beta = 90^0$, $\gamma = 45^0$; b) $\alpha = \beta = \gamma = 45^0$; c) $\alpha = \beta = \gamma = 30^0$.

§ 9. Übungen allgemeinerer Art.

1. Affine Strecken, die auf einem Affinitätsstrahl liegen, stehen zueinander in dem Affinitätsverhältnis. Anl.: Bestimme zu zwei Punkten eines Affinitätsstrahls die affinen Punkte und berücksichtige für jedes affine Paar das Affinitätsverhältnis.

2. Die Inhalte ähnlicher Dreiecke stehen zueinander in dem Affinitätsverhältnis. Anl.: a) Zeige die Richtigkeit des Satzes zunächst für zwei Dreiecke, deren Grundlinien der Achse parallel laufen (unter Benutzung von 1). Beliebige Dreiecke sind in zwei derartige zu zerlegen. Oder b) Setze die Dreiecke durch Addition und Subtraktion aus je drei Dreiecken zusammen, die gemeinsame Grundlinien auf der Achse haben.

3. Die Inhalte affiner Figuren stehen zueinander in dem Affinitätsverhältnis. Anl.: Denke dir die Figuren aus affinen Dreiecken, bei krummlinigen mit möglichster Annäherung zusammengesetzt.

4. Beweise, daß der Inhalt der Ellipse ab π ist, wenn a und b die halben Achsen bedeuten. Anl.: Benutze den affinen Kreis, der 2a als Durchmesser hat, und 3.

5. Figuren von gleichem Inhalt liefern bei der affinen Abbildung (nach 3) wieder gleiche Figuren. Was folgt daraus für die Parallelogramme, die a) von den Endpunkten zugeordneter Ellipsendurchmesser, b) von den Tangenten in diesen Endpunkten gebildet werden?

6. Wenn man einen von einer Ebene durchschnittenen Körper in Grund- und Aufriß abbildet und die Schnittfigur um ihre Schnittgerade mit der Grundriß- (Aufriß-) Ebene in diese herumklappt, so ist der Grundriß (Aufriß) der Schnittfigur affin zu der herumgeklappten Schnittfigur selbst.[1])

7. Sind (im Raum oder in der Ebene) zwei Figuren bei derselben Affinitätsachse zu einer dritten affin, so sind sie auch untereinander affin.

8. Der Grundriß (Aufriß) einer ebenen Figur ist affin zu ihrem Schlagschatten in der Grundriß- (Aufriß-) Ebene.[1]).

Zweiter Abschnitt.

Die Zentralprojektion.

A. Die Zentralprojektion im Raume.

§ 10. Übungen zu O II §§ 22—23.

Gegeben ist der Horizont mit Hauptpunkt und Distanz.

1. Den Fluchtpunkt der wagerechten Geraden zu bestimmen, die mit die Bildebene einen Winkel von a) 30°, b) 50° bilden.

2. Den Fluchtpunkt der wagerechten Geraden zu bestimmen, die mit der Bildebene einen Winkel von $90^0 - \alpha$ bilden, wenn der Fluchtpunkt der wagerechten Geraden, die mit ihr den Winkel α bilden, aber nicht die Distanz gegeben ist.

3. Das Bild eines wagerecht liegenden Quadrats zu zeichnen, wenn ein Paar Seiten a) senkrecht, b) schief unter 45°, c) schief unter 30° zur Bildebene verläuft. Anl.: Wähle eine Seite beliebig groß und benutze im übrigen auch eine oder beide Diagonalen. Wie kann man mit der halben Distanz arbeiten, wenn der Distanzpunkt nicht mehr auf dem Zeichenblatt liegt?

4. Ein aus Quadraten zusammengesetztes Muster, daß sich in einer wagerechten Ebene (Fußboden oder Decke eines Zimmers) befindet, abzubilden, wenn die Quadrate die Lage 3a—c haben.

5. Desgleichen bei einem Muster, das a) aus regelmäßigen Sechsecken, b) aus regelmäßigen Achtecken und Quadraten besteht.

---

[1]) **Falls der Grundriß (Aufriß) der Figur nicht zu einer Strecke zusammenschrumpft.**

6. Eine wagerechte Strecke, die a) senkrecht, b) schief zur Bildebene verläuft, ist perspektivisch gegeben und soll in eine bestimmte Anzahl gleicher Teile geteilt werden.

7. Einen wagerecht liegenden Kreis abzubilden. Anl.: Beschreibe um den Kreis ein Quadrat in der Lage 3a oder b und bilde das Quadrat mit den Berührungspunkten des Kreises und seinen Schnittpunkten mit den Diagonalen ab.

8. Einen lotrechten und auch zur Bildebene senkrechten Kreis abzubilden. Anl.: entsprechend 7.

9. Eine Reihe von gleich hohen senkrechten Pfosten, die auf einer wagerechten Ebene stehen und senkrecht zur Bildebene in gleichen Abständen aufeinander folgen, abzubilden. Der Querschnitt der Pfosten sei a) quadratisch, b) kreisförmig.

10. Eine zur Bildebene senkrecht verlaufende Wand mit gleich großen Fensteröffnungen, die in gleichen Abständen aufeinander folgen, abzubilden. Die Fenster seien a) rechteckig, b) kreisförmig.

§ 11. Übungen zu O II § 24.

Zeichne verschiedene Körper in Grund- und Aufriß und bilde sie perspektivisch ab (auch für den Fall, daß die Bildebene der Aufrißebene parallel ist), z. B. einfache mathematische Körper oder Körper, die aus solchen zusammengesetzt sind, ein Kreuz mit Balken von quadratischem Querschnitt, eine oben und unten durch quadratische Prismen begrenzte Säule u. dgl.

B. Zentralprojektion ebener Figuren, Kollineation.

§ 12. Übungen zu O II §§ 26—29.

1. Gegeben die Kollineationsachse, das Zentrum und ein Geradenkreuz. Die Verschwindungslinie so zu bestimmen, daß die kollinearen Bilder der beiden Geraden parallel werden. Anl.: Die Bilder aller Geraden, die sich auf der Verschwindungslinie schneiden, laufen parallel.

2. Gegeben Achse, Verschwindungslinie und ein Geradenkreuz. Das Zentrum so zu bestimmen, daß die kollinearen Bildgeraden aufeinander senkrecht stehen. Anl.: Bestimme die Schnittpunkte der gegebenen Geraden mit der Verschwindungslinie; welche Bedeutung hat der über dem Abstand dieser Punkte als Durchmesser geschlagene Halbkreis für das Zentrum?

3. Wie zu 2, nur sollen die kollinearen Bildgeraden einen anderen Winkel, z. B. von 45^0 miteinander bilden.

4. Ein Viereck kollinear abzubilden a) als Parallelogramm, b) als Rechteck, c) als Rhombus, d) als Quadrat.

Anl.: a) Zeichne erst die Verschwindungslinie nach 1, b) desgl. und dann das Zentrum nach 2, c) zeichne erst wie zu a und berücksichtige dann die Lage der Diagonalen im Rhombus, d) berücksichtige die Anleitung zu a, b und c. Frage: Welche stereometrische Bedeutung hat die Aufgabe *a* für eine vierseitige Pyramide?

5. Wie gehen aus der Tatsache, daß ein Viereck stets als kollineares Bild eines Parallelogramms angesehen werden kann, unter Berücksichtigung der

Eigenschaften, die bei der Zentralprojektion erhalten bleiben (O § 25) die harmonischen Eigenschaften des vollständigen Vierseits hervor?

§ 13. Übungen zu O II § 30.

1. Ein rechtwinkliges Koordinatensystem liege so, daß der Anfangspunkt mit dem Zentrum der Kollineation zusammenfällt und die x- (ξ-)Achse senkrecht zur Kollineationsachse verläuft. Die Verschwindungslinie habe die Abszisse m, die Kollineationsachse die Abszisse $m+n$. Ein Kreis habe den Halbmesser r und sein Mittelpunkt die Koordinaten a und b. Der Kreis soll kollinear abgebildet und die Gleichung des Kreisbildes bestimmt werden. (Letztere kann bei a—r leicht durch Verschiebung des Koordinatensystems, bei s nach vorheriger Drehung auf die Normalform gebracht werden.)

	m	n	a	b	r		m	n	a	b	r
a)	5	2	3	0	1	k)	4	3	2	0	2
b)	5	2	3	0	3	l)	4	4	9	0	3
c)	5	2	3	0	2	m)	2	2	6	0	2
d)	5	—2	3	0	1	n)	3	4	5	0	2
e)	5	2	2	0	2	o)	3	4	5	0	4
f)	3	2	6	0	1	p)	2	3	5	0	1
g)	4	3	5	0	1	q)	3	2	3	0	1
h)	4	3	5	0	2	r)	3	—5	1	0	1
i)	4	2	0	0	2	s)	2	2	3	1	1

2. Der Mittelpunkt eines kreisförmigen Beckens von 5 m Halbmesser hat vom Fußpunkt des Lotes, das von dem 6 m hoch gelegenen Auge eines Beobachters auf die wagerechte Ebene des Beckens gefällt ist, einen Abstand von 10 m. Welches Bild ergibt sich für den Beobachter auf einer senkrechten Ebene, die 3 m von seinem Auge entfernt ist und auf der Verbindungslinie des Mittelpunkts mit dem Fußpunkt des Lotes senkrecht steht? (Zeichnung im Verhältnis 1 : 100).

Dritter Teil:
Synthetische Geometrie der Kegelschnitte.

Erster Abschnitt.

Ellipse, Parabel und Hyperbel als geometrische Örter.

A. Die Ellipse (O III §§ 1—8).

§ 1. Übungssätze.

1. Jeder Punkt einer Tangente ist von einem jeden Brennpunkt und seinem Gegenpunkt in bezug auf die Tangente gleich weit entfernt.

2. Der Schnittpunkt zweier Tangenten ist von jedem Brennpunkt und seinen Gegenpunkten in bezug auf die Tangenten gleich weit entfernt.

3. Jeder Punkt einer Tangente ist von den Brennstrahlen des Berührungspunktes gleich weit entfernt.

4. Der Schnittpunkt zweier Tangenten ist von den vier Brennstrahlen der Berührungspunkte gleich weit entfernt.

Anleitung: Man zeichne die Gegenpunkte des einen Brennpunkts in bezug auf beide Tangenten und verbinde sie mit dem andern Brennpunkt und dem Schnittpunkt der Tangenten und auch die beiden letzteren Punkte miteinander. Dann sind die über dieser Verbindungslinie stehenden Dreiecke, deren Spitzen die Gegenpunkte sind, kongruent, also auch die vom Schnittpunkt auf die gegenüberliegenden Dreiecksseiten gefällten Höhen einander gleich. — Weiter nach 3.

5. Der Brennstrahl nach dem Schnittpunkt zweier Tangenten bildet mit den (von demselben Brennpunkt ausgehenden) Brennstrahlen der Berührungspunkte gleiche Winkel.

Anleitung: Mit Hilfe der bei 4 benutzten kongruenten Dreiecke.

6. Geht die Berührungssehne zweier Tangenten durch einen Brennpunkt, so steht der Brennstrahl des Schnittpunktes der Tangenten auf ihr senkrecht (vgl. 5).

7. Die von einem Punkt aus gezogenen Tangenten bilden mit seinen Brennstrahlen gleiche Winkel.

Anleitung: Der Schnittpunkt der Tangenten sei M, der Gegenpunkt von F_1 in bezug auf die benachbarte Tangente A, der von F_2 in bezug auf die andere Tangente B; dann ist $\triangle MAF_2 \cong \triangle MF_1B$, also $\sphericalangle AMF_2 = \sphericalangle F_1 MB$ usw.

8. Die Strecke einer beweglichen Tangente zwischen zwei festen Tangenten erscheint von jedem Brennpunkt aus unter einem konstanten Winkel.

Anleitung: Durch zweimalige Anwendung des Übungssatzes 5 ergibt sich, daß der betreffende Winkel halb so groß ist als der Winkel, den die Brennstrahlen nach den Berührungspunkten der festen Tangenten einschließen.

9. Die Tangenten in den Hauptscheiteln begrenzen auf jeder anderen Tangente eine Strecke, die von einem jeden Brennpunkt aus gesehen unter einem rechten Winkel erscheint. (Nach der Anleitung zu 8.)

10. Das Rechteck aus den Loten, die von den Brennpunkten auf eine Tangente gefällt werden können, ist konstant, und zwar gleich dem Quadrat der halben kleinen Achse.

Anleitung: Sind die beiden Lote, die gerade bis zum Hauptkreis reichen, p und q, so erhält man q noch einmal, wenn man p bis zum zweiten Schnittpunkt mit dem Hauptkreis verlängert, und es ist alsdann nach dem Sehnensatz

$$p \cdot q = (a + e) \cdot (a - e) = a^2 - e^2 = b^2.$$

§ 2. Übungsaufgaben.

1. Gegeben die Brennpunkte und die Hauptscheitel. Die Schnittpunkte der Ellipse mit einem um den einen Brennpunkt geschlagenen Kreis zu zeichnen, dessen Halbmesser kleiner als die Hauptachse ist.

2. Gegeben die Brennpunkte und ein Ellipsenpunkt; die Ellipse zu zeichnen.

3. Gegeben die Brennpunkte und eine Tangente. Den Berührungspunkt zu bestimmen und den Hauptkreis zu zeichnen.

4. Gegeben die Brennpunkte und die Hauptscheitel. Eine Tangente a) parallel, b) senkrecht zu einer gegebenen Geraden zu ziehen.

5. Gegeben die Haupt- und Nebenscheitel. Die Brennpunkte zu bestimmen.

6. Gegeben die Hauptscheitel und eine Tangente. Die Brennpunkte und den Berührungspunkt zu bestimmen.

7. Gegeben ein Brennpunkt und eine Tangente, ferner

a) der dem Brennpunkt anliegende Hauptscheitel,

b) der Berührungspunkt und die Länge oder die Richtung der Hauptachse,

c) die Länge und die Richtung der Hauptachse,

d) eine zweite Tangente und die Länge oder die Richtung der Hauptachse,

e) zwei andere Tangenten.

Den anderen Brennpunkt zu bestimmen.

B. Die Parabel (O III §§ 9—12).

§ 3. Übungssätze.

1. Jede Tangente (vom Berührungspunkt bis zum Schnittpunkt mit der Achse gerechnet) wird durch die Scheiteltangente, ihre Projektion auf die Achse vom Scheitel halbiert.

2. Die Projektion einer jeden Normale auf die Achse ist gleich p.

Anleitung: Man errichte auf der Tangente in ihrem Schnittpunkt mit der Scheiteltangente die Senkrechte und benutze ähnliche Dreiecke.

3. Der Brennpunkt ist von dem Berührungspunkt einer Tangente, ihrem Schnittpunkt mit der Achse und dem Schnittpunkt der zugehörigen Normale mit der Achse gleich weit entfernt.

4. Jeder Punkt einer Tangente ist vom Brennpunkt und seinem Gegenpunkt in bezug auf die Tangente gleich weit entfernt.

5. Der Schnittpunkt zweier Tangenten ist vom Brennpunkt und seinen Gegenpunkten in bezug auf die Tangenten gleich weit enfernt.

6. Jeder Punkt einer Tangente ist von dem Brennstrahl und dem Durchmesser des Berührungspunktes gleich weit entfernt.

7. Der Schnittpunkt zweier Tangenten ist von den Brennstrahlen und den Durchmessern der Berührungspunkte gleich weit entfernt.

Anleitung: Da der Schnittpunkt von den beiden Gegenpunkten des Brennpunkts gleich weit entfernt ist (vgl. 5), so liegt er mitten zwischen den Durchmessern.

8. Der Brennstrahl nach dem Schnittpunkt zweier Tangenten bildet mit den Brennstrahlen der Berührungspunkte gleiche Winkel.

Anleitung: Der Brennstrahl nach dem Schnittpunkt bildet mit den von diesem Punkt aus auf die Brennstrahlen der Berührungspunkte gefällten Loten kongruente Dreiecke.

9. Bei der Parabel ist der Winkel zwischen zwei Tangenten halb so groß als der von ihm abgewandte Winkel zwischen den Brennstrahlen der Berührungspunkte.

Anleitung: Man ziehe die Durchmesser der Berührungspunkte und des Schnittpunktes und betrachte die beiden Winkel, in die der Winkel der Tangenten zerlegt erscheint.

10. Geht die Berührungssehne zweier Tangenten durch den Brennpunkt, so steht der Brennstrahl nach dem Schnittpunkt der Tangenten auf der Berührungssehne senkrecht, und die Tangenten bilden selbst auch einen rechten Winkel. (Nachweis mit Hilfe von 8 und 9.)

11. Zwei Tangenten einer Parabel bilden mit dem Brennstrahl und dem Durchmesser ihres Schnittpunktes gleiche Winkel.

Anleitung: Die von dem Schnittpunkt der Tangenten nach den Gegenpunkten des Brennpunktes gezogenen Verbindungslinien bilden mit der Leitlinie ein gleichschenkliges Dreieck, dessen Winkel an der Spitze durch den vom Schnittpunkt ausgehenden Durchmesser halbiert wird.

12. Die Strecke einer beweglichen Tangente zwischen zwei festen Tangenten erscheint vom Brennpunkt aus gesehen unter einem konstanten Winkel, der den Winkel der festen Tangenten zu $2R$ ergänzt.

Anleitung: Durch zweimalige Anwendung des Satzes 8 ergibt sich, daß der Winkel, unter dem die bewegliche Tangente erscheint, halb so groß ist als der Winkel, den die Brennstrahlen nach den Berührungspunkten der festen Tangenten miteinander bilden; letzterer ist aber doppelt so groß als das Supplement des Winkels der festen Tangenten.

Folgerung: Die Ecken eines Tangentendreiecks und der Brennpunkt liegen auf einem Kreise.

13. Die Strecke einer Parabeltangente zwischen dem Berührungspunkt und der Leitlinie erscheint vom Brennpunkt aus gesehen unter einem rechten Winkel.

Anleitung: Durch Kongruenz zweier Dreiecke läßt sich zeigen, daß jener Winkel gleich dem Winkel ist, den der Durchmesser des Berührungspunktes und die Leitlinie miteinander bilden.

§ 4. Übungsaufgaben.

1. Gegeben Leitlinie und Brennpunkt. Die Schnittpunkte der Parabel mit einer beliebigen Geraden zu zeichnen.

Anleitung: Man betrachte die gesuchten Punkte als Mittelpunkte von Kreisen, die durch F gehen und L in A und B berühren. Dann schneiden sich die beiden Kreise außer in F noch in seinem Gegenpunkt X in bezug auf die gegebene Gerade. FX schneide L in C, dann ist CA^2 $(= CB^2) = CX \,.\, CF$.

2. Gegeben Leitlinie und Brennpunkt. Eine Tangente a) parallel, b) senkrecht zu einer gegebenen Geraden zu ziehen.

3. Gegeben der Brennpunkt, die Richtung der Achse und eine Tangente. Den Scheitel der Parabel und den Berührungspunkt zu suchen.

4. Gegeben eine Tangente, die Scheiteltangente und der Parameter. Den Brennpunkt und die Achse zu bestimmen.

5. Gegeben die Leitlinie, eine Tangente und a) der Berührungspunkt, b) die Scheiteltangente, c) die Achsenrichtung. Den Brennpunkt zu bestimmen.

6. Gegeben die Leitlinie, ein Parabelpunkt und a) die Scheiteltangente, b) die Achsenrichtung. Den Brennpunkt zu bestimmen.

7. Gegeben der Brennpunkt, ein Parabelpunkt und a) die Tangente in dem gegebenen Punkt, b) die Achsenrichtung. Die Leitlinie zu bestimmen.

8. Gegeben der Brennpunkt, eine Tangente und a) der Parameter, b) eine zweite Tangente. Die Leitlinie zu bestimmen.

9. Gegeben die Achsenrichtung, eine Tangente und a) die Scheiteltangente, b) ein Parabelpunkt. Leitlinie und Brennpunkt zu bestimmen.

C. Die Hyperbel (O III §§ 13—17).

§ 5. Übungssätze.

1—10. entsprechend § 1, 1—10.

11. Das durch den Mittelpunkt der Hyperbel und eine Scheiteltangente begrenzte Stück jeder Asymptote ist gleich e.

Anleitung: Man fälle vom Brennpunkt das Lot auf die Asymptote, das darauf die Strecke a abschneidet. Die beiden rechtwinkligen Dreiecke sind kongruent.

12. Der Abstand jedes Brennpunktes von den Asymptoten ist gleich b (11).

13. Bei der gleichseitigen Hyperbel, bei der $a = b$ ist, stehen die Asymptoten aufeinander senkrecht.

14. Die von den Asymptoten begrenzte Strecke einer Tangente erscheint von beiden Brennpunkten aus gesehen unter einer Winkelsumme von 180^0 (Zweimalige Anwendung von 8.)

15. Die Schnittpunkte irgend einer Tangente mit den Asymptoten und die beiden Brennpunkte liegen auf einem Kreise (14).

16. Jede Tangente begrenzt auf den Asymptoten Strecken von konstantem Produkt (gleich e^2).

Anleitung: Man zeichne den in 15 erwähnten Kreis und wende den Sehnensatz an.

17. Die Hyperbeltangenten begrenzen mit den Asymptoten Dreiecke von konstantem Inhalt (16).

§ 6. Übungsaufgaben.

1. Gegeben die Brennpunkte und die Scheitel. Die Schnittpunkte der Hyperbel mit einem um den einen Brennpunkt geschlagenen Kreise zu bestimmen, dessen Radius größer als die Hauptachse ist.

2—4. entsprechend § 2, 2—4.

5. Gegeben die Brennpunkte und die Scheitel. Die Länge der Nebenachse zu bestimmen.

6—7. entsprechend § 2, 6—7.

8. Gegeben ein Brennpunkt, eine Asymptote und a) die Länge der Hauptachse, b) eine Tangente. Den anderen Brennpunkt zu bestimmen.

Zweiter Abschnitt.

Die Kegelschnitte als Projektionen des Kreises.

A. Die Ellipse als Zylinderschnitt (O III §§ 18, 19).

§ 7. Übungssätze (durch projektive Übertragung zu beweisen):

1. Der Flächeninhalt eines von zwei zugeordneten Halbmessern gebildeten Dreiecks ist konstant gleich dem Dreieck zweier Halbachsen; oder $a' b' \sin \delta = a b$, wenn δ den Winkel zwischen den zugeordneten Halbmessern a' und b' bedeutet.

2. Der Flächeninhalt eines Sehnenparallelogramms, dessen Diagonalen zwei zugeordnete Durchmesser sind, ist konstant gleich dem halben Rechteck aus den Achsen.

3. Der Flächeninhalt eines Tangentenparallelogramms, dessen Seiten zugeordneten Durchmessern parallel sind, ist konstant gleich dem Rechteck aus den Achsen.

4. In jedem Tangentenparallelogramm einer Ellipse gehen sowohl die Diagonalen als auch die Verbindungslinien der gegenüberliegenden Berührungspunkte durch den Mittelpunkt, die Diagonalen sind zugeordnete Durchmesser, und die Verbindungslinien benachbarter Berührungspunkte laufen den Diagonalen parallel.

5. Die von einem Ellipsenpunkt nach den Endpunkten eines Durchmessers gezogenen Sehnen sind zugeordneten Durchmessern parallel.

Berichtigung.

Seite 24, § 4, 9:
Lies b) der Berührungspunkt statt b) ein Parabelpunkt.

B. Ellipse, Parabel und Hyperbel als Kegelschnitte.

(O III §§ 20—27).

§ 8. Übungssätze. (Kegelschnittspolaren.)

1. Zieht man durch den Schnittpunkt zweier Tangenten eines Kegelschnitts eine Sehne, so schneiden sich die in ihren Endpunkten angelegten Tangenten auf der Berührungssehne der ersteren.

2. Der durch den Schnittpunkt zweier Tangenten gehende Durchmesser halbiert die Berührungssehne.

3. Zieht man durch den Schnittpunkt zweier Parabeltangenten den Durchmesser, so wird das zwischen dem Punkt und der Berührungssehne liegende Stück desselben durch die Parabel halbiert.

4. In jedem Sehnenviereck eines Kegelschnitts bilden die Schnittpunkte der Gegenseiten und der Schnittpunkt der Diagonalen ein Poldreieck, d. h. ein Dreieck, in dem jede Seite die Polare der Gegenecke ist.

5. Die Polare eines Punktes der Hauptachse (einer Ellipse oder Hyperbel) ist für den Kegelschnitt und seinen Hauptkreis dieselbe Gerade.

6. Die Polare eines Punktes der Nebenachse (einer Ellipse) ist für den Kegelschnitt und seinen Nebenkreis dieselbe Gerade.

7. Für alle Kegelschnitte (Ellipsen oder Hyperbeln), die eine gemeinsame Hauptachse (oder Nebenachse) besitzen, ist die Polare eines Punktes der Hauptachse (Nebenachse) dieselbe Gerade, oder — in anderer Fassung: Zieht man an alle Kegelschnitte, die die Hauptachse (Nebenachse) gemeinsam haben, von einem Punkte dieser Achse die Tangenten, so liegen die Berührungspunkte auf einer Geraden.

8. Zieht man an alle Parabeln, die den Scheitel und die Achse gemeinsam haben und sich nach derselben Seite öffnen, von einem Punkt der Achse die Tangenten, so liegen die Berührungspunkte auf einer Geraden.

9. Die Strecke einer Kegelschnittstangente zwischen ihrem Berührungspunkt und der Hauptachse wird durch den Hauptkreis harmonisch geteilt. (Wie heißt dieser Satz für die Parabel?)

10. Jede Brennpunktssehne wird durch Leitlinie und Brennpunkt harmonisch geteilt.

11. Die Tangenten in den Endpunkten einer Brennpunktssehne schneiden sich auf der Leitlinie.

12. Zieht man von einem Punkt der Leitlinie die Tangenten an einen Kegelschnitt, so geht die Berührungssehne durch den zugehörigen Brennpunkt.

§ 9. Übungssätze. (3 Tangenten).

1. In jedem Tangentendreieck eines Kegelschnitts liegen die Schnittpunkte je einer Seite mit der Berührungssehne der beiden andern in einer geraden Linie.

Anleitung: Die Schnittpunkte sind Pole von Geraden, die sich nach dem Brianchonschen Satze in einem Punkt schneiden.

2. In jedem Tangentendreieck eines Kegelschnitts sind die Produkte aus je drei Abschnitten ohne gemeinschaftlichen Endpunkt einander gleich. (Brianchon, Ceva.)

3. Ist eine Tangente der Berührungssehne zweier andern parallel, so wird das von den letzteren begrenzte Stück der ersteren durch den Berührungspunkt halbiert (O § 10).

4. Das von den Asymptoten begrenzte Stück einer jeden Hyperbeltangente wird durch den Berührungspunkt halbiert.

5. Ist eine Tangente der Berührungssehne zweier andern parallel, so ist die Verbindungslinie des Schnittpunktes der letzteren mit dem Berührungspunkt der ersteren ein Durchmesser des Kegelschnitts (der die Berührungssehne halbiert, vgl. § 8, 2).

6. Ist eine Parabeltangente der Berührungssehne zweier andern parallel, so halbiert sie die letzteren Tangenten und ist halb so groß als die Berührungssehne.

7. Das von zwei Tangenten einer Parabel und ihrer Berührungssehne gebildete Dreieck ist viermal so groß als das Dreieck, das von der zur Berührungssehne parallelen Tangente abgeschnitten wird.

8. Läuft eine Parabeltangente der Berührungssehne zweier andern parallel, so ist das von den drei Tangenten gebildete Dreieck halb so groß als das Dreieck der Berührungssehnen.

Anleitung: Man ziehe durch den Schnittpunkt der beiden andern Tangenten den Durchmesser und benutze die Übungssätze 5, 3 und 6.

9. Jedes Parabelsegment ist $\frac{4}{3}$ des Dreiecks, das aus der Sehne des Segments und den Tangenten in ihren Endpunkten gebildet ist.

Anleitung: Durch wiederholte Anwendung des vorhergehenden Übungssatzes läßt sich zeigen, daß der außerhalb der Parabel liegende Teil des Dreiecks zwischen Tangenten und Berührungssehne halb so groß ist als das Parabelsegment selbst.

10. Übungssatz 8 für drei beliebige Tangenten nachzuweisen.

Anleitung: Man betrachte das Dreieck der Berührungssehnen als Differenz von Parabelsegmenten und drücke letztere nach 9 aus.

§ 10. Aufgaben zum Pascalschen Satz.

1. Gegeben 5 Punkte eines Kegelschnitts; einen sechsten Punkt zu finden.

Anleitung: Man ziehe durch einen der gegebenen Punkte eine Gerade und suche darauf die fehlende Ecke des Pascalschen Sechsecks. — Bei dieser Aufgabe und den folgenden kann es vorkommen, daß Linien nach unzugänglichen Schnittpunkten zu ziehen sind.

2. Gegeben 5 Punkte eines Kegelschnitts; in einem der gegebenen Punkte die Tangente zu ziehen.

Anleitung: Man betrachte die gegebenen Punkte als Ecken eines Pascalschen Fünfecks und den ausgewählten Punkt als unendlich kleine Seite (des Sechsecks).

3. Gegeben 4 Punkte eines Kegelschnitts und die Tangente in einem derselben; einen fünften Punkt zu finden.

4. Gegeben wie vorhin; die Tangenten in den übrigen Punkten zu ziehen.

5. Gegeben 3 Punkte eines Kegelschnitts und die Tangenten in zwei derselben; einen vierten Punkt zu bestimmen.

6. Gegeben wie vorhin; die Tangente in dem dritten Punkt zu ziehen.

§ 11. Aufgaben zum Brianchonschen Satz.

1. Gegeben 5 Tangenten eines Kegelschnitts; eine sechste Tangente zu bestimmen.

Anleitung: Man wähle auf einer der gegebenen Tangenten einen Punkt aus und suche auf der benachbarten Tangente die fehlende Ecke des Brianchonschen Sechsecks.

2. Gegeben wie vorhin; die Berührungspunkte zu bestimmen.

3. Gegeben 4 Tangenten eines Kegelschnitts und auf einer von ihnen der Berührungspunkt; eine fünfte Tangente zu bestimmen.

4. Gegeben wie vorhin; die übrigen Berührungspunkte zu bestimmen.

5. Gegeben 3 Tangenten eines Kegelschnitts und auf zwei von ihnen die Berührungspunkte; eine vierte Tangente zu bestimmen.

6. Gegeben wie vorhin; den fehlenden Berührungspunkt zu bestimmen.

7. Von einer Ellipse, die einem Trapez $ABCD$ einbeschrieben ist, ist der Berührungspunkt E auf der Grundlinie AB gegeben. Es sollen die Berührungspunkte F auf BC, G auf CD und H auf DA konstruiert werden. Welche Bedeutung hat mit Rücksicht auf die parallele Lage von AB und DC die Strecke EG für die Ellipse, und wie kann deshalb von F und H aus noch je ein weiterer Punkt der Ellipse leicht gezeichnet werden?

§ 12. Übungssätze.

1. Die Polare eines Punktes ist dem durch diesen Punkt gehenden Durchmesser zugeordnet.

2. Die Tangenten in den Endpunkten einer Sehne schneiden sich auf dem zugeordneten Durchmesser.

3. Der Pol einer Sehne liegt auf dem zugeordneten Durchmesser.

4. Der Pol eines Durchmessers liegt auf dem zugeordneten Durchmesser im Unendlichen.

5. Zwei Tangenten eines Kegelschnitts bilden mit der durch ihren Schnittpunkt gehenden Parallelen zur Berührungssehne und dem von ihm ausgehenden Durchmesser ein harmonisches Strahlenbüschel.

6. Die Asymptoten einer Hyperbel bilden mit zwei zugeordneten Durchmessern ein harmonisches Strahlenbüschel.

7. Jede Asymptote der Hyperbel ist sich selbst zugeordnet.

§ 13. Übungsaufgaben.

1. Zu einer gegebenen Ellipse sollen Mittelpunkt und Achse gezeichnet werden.

Anleitung: Der Mittelpunkt ergibt sich mit Hilfe paralleler Sehnen, und durch einen Kreis um den Mittelpunkt erhält man vier zu der Achse paarweise symmetrische Punkte.

2. Zu einer gegebenen Parabel Achse und Brennpunkt zu zeichnen.

Anleitung: Parallele Sehnen liefern einen Durchmesser, zu diesem senkrechte Sehnen die Achse.

3. Zu einer gegebenen Hyperbel Mittelpunkt und Achse zu zeichnen (vgl. 1).

4. Von einer Hyperbel sind die Asymptoten und ein Punkt der Kurve gegeben; beliebig viele andere Punkte der Kurve zu zeichnen.

Vierter Teil: Ebene Trigometrie.

Erster Abschnitt.

Funktionen beliebiger Winkel (O V §§ 1—9).

§ 1. Übungen. 1. Wie groß sind die Funktionen der Winkel a) 135^0, b) 300^0, c) 240^0, d) 315^0, e) 150^0, f) 210^0, g) 330^0, h) 120^0, i) 225^0?

2. Durch Funktionen spitzer Winkel auszudrücken: a) $\sin 158^0$, b) $\cot 348^0$, c) $\operatorname{tg} 213^0$, d) $\cos 568^0$, e) $\operatorname{tg} 173^0$, f) $\sin(-13^0)$, g) $\operatorname{tg}(-166^0)$.

3. Desgl. a) $\cos 179^0 48' 52''$, b) $\sin 238^0 23' 45''$, c) $\cot 298^0 0' 27''$, d) $\operatorname{tg} 840^0 29' 36''$.

4. Für welche Winkel ist a) $\sin \alpha = \cos \alpha$, b) $\sin \alpha = -\cos \alpha$, c) $\sin \alpha = \operatorname{tg} \alpha$, d) $\sin \alpha = -\operatorname{tg} \alpha$, e) $\sin \alpha = \cot \alpha$, f) $\sin \alpha = -\cot \alpha$, g) $\cos \alpha = \operatorname{tg} \alpha$, h) $\cos \alpha = -\operatorname{tg} \alpha$, i) $\cos \alpha = \cot \alpha$, k) $\cos \alpha = -\cot \alpha$, l) $\operatorname{tg} \alpha = \cot \alpha$, m) $\operatorname{tg} \alpha = -\cot \alpha$?

5. Welche Winkel ergeben sich a) aus der Gleichung $\sin \alpha = 0{,}9397$ außer $\alpha = 70^0$, b) aus $\operatorname{tg} \beta = -1{,}192$, wenn $\operatorname{tg} 50^0 = 1{,}192$ ist, c) aus $\cos \gamma = 0{,}8192$, außer $\gamma = 35^0$, d) aus $\cot \delta = -5{,}671$, wenn $\cot 10^0 = 5{,}671$ ist?

6. Welche Winkel ergeben sich in Aufgabe 5, wenn a) $\cot \alpha$ negativ, b) $\sin \beta$ negativ, c) $\operatorname{tg} \gamma$ negativ, d) $\cos \delta$ positiv ist?

Zweiter Abschnitt.

A. Goniometrie (O V §§ 10—18).

§ 2. Übungen. 1. Mit Hilfe der Formeln in O § 11 und 13 zu berechnen: a) $\sin(180^0 + \alpha)$, b) $\cos(360^0 - \alpha)$, c) $\sin(90^0 - \alpha)$, d) $\cos(90^0 + \alpha)$, e) $\sin(360^0 - \alpha)$, f) $\cos(270^0 + \alpha)$, g) $\sin(\alpha - 90^0)$, h) $\cos(\alpha - 180^0)$.

2. Mit Hilfe der Formeln in § 9 oder der Formeln in § 15 zu berechnen a) $\operatorname{tg} 270^0 + \alpha)$, b) $\cot(180^0 - \alpha)$, c) $\operatorname{tg}(360^0 - \alpha)$, d) $\cot(\alpha - 90^0)$.

3. Zu berechnen a) $\sin(60^0 + \alpha)$, b) $\cos(\alpha - 30^0)$, c) $\operatorname{tg}(45^0 + \alpha)$, d) $\cot(\alpha - 45^0)$.

4. Zu berechnen, wenn $\sin \alpha = \frac{3}{5}$ und $\cos \beta = \frac{12}{13}$ ist, a) $\sin(\alpha + \beta)$, b) $\sin \alpha - \beta)$, c) $\cos(\alpha + \beta)$, d) $\cos(\alpha - \beta)$, e) $\operatorname{tg}(\alpha + \beta)$, f) $\cot(\alpha - \beta)$, g) $\sin 2\alpha$, h) $\cos 2\beta$, i) $\operatorname{tg} 2\alpha$, k) $\cot 2\beta$, l) $\sin \frac{\alpha}{2}$, m) $\cos \frac{\beta}{2}$.

5. Zu entwickeln a) $\sin(\alpha+\beta+\gamma)$, b) $\sin(\alpha-\beta+\gamma)$, c) $\cos(\alpha+\beta+\gamma)$, d) $\cos(\alpha+\beta-\gamma)$.

6. Nachstehende Formeln abzuleiten: a) $\sin 3\alpha = 3\sin\alpha - 4\sin^3\alpha$, b) $\cos 3\alpha = 4\cos^3\alpha - 3\cos\alpha$.

7. Auf Grund der Funktionen von 30°, 45°, 60° Formeln zu bilden für die Funktionen von a) $22\frac{1}{2}^0$, b) 15^0, c) $67\frac{1}{2}^0$, d) 75^0.

8. Zu entwickeln: a) $\sin 60^0 + \sin 30^0$, b) $\sin 60^0 - \sin 30^0$, c) $\cos 60^0 + \cos 30^0$, d) $\cos 60^0 - \cos 30^0$.

9. Zu entwickeln: a) $\sin(45^0+\alpha)+\sin(45^0-\alpha)$, b) $\cos(60^0+\alpha) - \cos(60^0-\alpha)$, c) $\sin(\alpha+30^0)-\sin(\alpha-30^0)$, d) $\cos(\alpha-30^0)+\cos(\alpha+30^0)$, e) $\sin(67\frac{1}{2}^0-\alpha)+\sin(22\frac{1}{2}^0+\alpha)$.

10. Zu entwickeln: a) $\sin\alpha+\sin(\beta+\gamma)$, b) $\sin\alpha-\sin(\beta+\gamma)$, c) $\cos\alpha+\cos(\beta+\gamma)$, d) $\cos\alpha-\cos(\beta+\gamma)$, e) $\sin\alpha+\sin(\beta-\gamma)$, f) $\sin\alpha-\sin(\beta-\gamma)$, g) $\cos\alpha+\cos(\beta-\gamma)$, h) $\cos\alpha-\cos(\beta-\gamma)$.

11. Formeln zu bilden für a) $\sin\alpha+\cos\alpha$, b) $\sin\alpha-\cos\alpha$, c) $\sin\alpha+\cos\beta$, d) $\sin\alpha-\cos\beta$.

12. Formeln zu bilden für a) $\mathrm{tg}\,\alpha+\mathrm{tg}\,\beta$, b) $\mathrm{tg}\,\alpha-\mathrm{tg}\,\beta$, c) $\cot\alpha+\cot\beta$, d) $\cot\alpha-\cot\beta$.

13. Für den Fall, daß α, β und γ die Winkel eines Dreiecks sind, die nachstehenden Formeln als richtig nachzuweisen:

a) $\sin 2\alpha+\sin 2\beta+\sin 2\gamma = 2\sin\alpha\sin\beta\sin\gamma$,

b) $\cos\alpha+\cos\beta+\cos\gamma = 1+4\sin\frac{\alpha}{2}\sin\frac{\beta}{2}\sin\frac{\gamma}{2}$,

c) $\cot\frac{\alpha}{2}+\cot\frac{\beta}{2}+\cot\frac{\gamma}{2} = \cot\frac{\alpha}{2}\cot\frac{\beta}{2}\cot\frac{\gamma}{2}$.

B. Goniometrische Gleichungen (O V §§ 19, 20).

§ 3. Übungen. 1. $\sin^5 x - 1\frac{5}{12}\sin^3 x + \frac{1}{2}\sin x = 0$.
2. $\sin x = 2\cos x$.
3. $3\sin x = 2\,\mathrm{tg}\,x$.
4. $\sin(60^0+x) = 3 \, . \sin(60^0-x)$.
5. $\sin(x+\alpha) = p \, . \sin(x-\alpha)$.
6. $\sin(x+\alpha) = \cos(x-\beta)$.
7. $\cos x + \cos(x+\alpha) = \sin(2x+\alpha)$.
8. $\sin x + \sin(x+\alpha) = \cos(2x+\alpha)$.
9. $\cos x - \cos(x+\alpha) = \sin(2x+\alpha)$.
10. $2\sin 2x = 3\sin x$.
11. $\cos 2x = \frac{1}{2}\cos x$.
12. $\sin 2x + 2\sin^2 x + \cos 2x = p$.
13. $\mathrm{tg}\,2x = 3\,\mathrm{tg}\,x$.
14. $3\,\mathrm{tg}\,2x = 4\cot x$.
15. $3\sin^2 x + 4\cos^2 x = \frac{1}{2}\sin 2x$.
16. $\sin 3x + \cos 2x + \sin x = 1$.
17. $\cot x + \cot 2x + \cot 3x = 0$.
18. $\cot x + \cot 2x + \mathrm{tg}\,3x = 0$.
19. $\sin x + \sin y = p$; $\cos x - \cos y = q$.

20. $\sin x - \sin y = p;\ \cos x + \cos y = q.$
21. $\sin x - \sin y = p;\ \cos x - \cos y = q.$
22. $\sin x + \cos y = p;\ \cos x + \sin y = q.$
23. $\sin x + \cos y = p;\ \cos x - \sin y = q.$
24. $\sin x - \cos y = p;\ \cos x - \sin y = q.$
25. $\sin x + \sin y = p;\ x - y = q.$
26. $\cos x + \cos y = p;\ x + y = q.$
27. $\cos x - \cos y = p;\ x - y = q.$
28. $\sin x + \cos y = p;\ x - y = q.$

Dritter Abschnitt.

Dreiecksberechnung (O V §§ 21—24).

Vorbemerkung: In den nachfolgenden Aufgaben bedeuten im Dreieck ABC:

a, b, c die Seiten, α, β, γ die Winkel, h_a, h_b, h_c die Höhen, t_a, t_b, t_c die Seitenhalbierenden, w_a, w_b, w_c die Winkelhalbierenden, r den Radius des umbeschriebenen, ϱ den Radius des einbeschriebenen, $\varrho_a, \varrho_b, \varrho_c$ die Radien der anbeschriebenen Kreise. Ferner ist $\delta = \alpha - \beta$, $s = \frac{1}{2}(a + b + c)$ und, wo nichts anderes bemerkt, $k = a + b$, $d = a - b$. u und v sind die Abschnitte der Winkelhalbierenden auf c (u an A, v an B), p und q die Höhenabschnitte auf c (p an A, q an B).

Im Viereck $ABCD$ ist $a = AB$, $b = BC$, $c = CD$, $d = DE$, $e = AC$, $f = BD$. ε ist der Winkel AEB am Diagonalenschnittpunkt E. Im Trapez sind AB und CD die parallelen Seiten.

§ 4. Dreiecks- und Vierecksaufgaben, die sich unmittelbar auf eine der 4 Grundaufgaben über das Dreieck zurückführen lassen.

In den Aufgaben der Gruppe I kommt nur der Sinussatz, in denen der Gruppe II der Tangentensatz und in denen der Gruppe III der Halbwinkelsatz zur Anwendung. Die Aufgaben, die 2 Lösungen ergeben, sind mit einem Stern (*) bezeichnet.

I. Ein Dreieck zu berechnen aus:

1. $c = 85{,}442;\ h_a = 55{,}255;\ \gamma = 67^0 17' 13''$
2.* $c = 746{,}18;\ h_a = 617{,}17;\ \gamma = 41^0 47' 11''$
3. $a = 35{,}173;\ h_b = 19{,}214;\ \beta = 69^0 38' 35''$
4.* $a = 24{,}129;\ h_b = 17{,}816;\ \beta = 27^0 56' 1''$
5.* $a = 57{,}812;\ r = 31{,}083;\ \gamma = 55^0 18' 7''$
6.* $a = 78{,}822;\ h_c = 56{,}921;\ r = 40{,}851$
7. $v = 17{,}396;\ u = 10{,}541;\ \alpha = 57^0 36' 37''$
8.* $u = 14{,}156;\ v = 28{,}046;\ \beta = 20^0 16' 38''.$

II. Ein Dreieck zu berechnen aus:

1. $a = 108$; $h_a = 58{,}8$; $\beta = 61^0 21' 28''$
2. $h_a = 87{,}292$; $h_c = 69{,}664$; $\beta = 75^0 2' 34''$
3. $c = 38{,}095$; $k = 55{,}143$; $\alpha = 31^0 39' 21''$
4. $c = 80{,}449$; $d = 58{,}827$; $\alpha = 110^0 31' 28''$
5. $h_a = 28{,}616$; $k = 166{,}78$; $\beta = 33^0 23' 18''$
6. $h_a = 44{,}857$; $d = 64{,}568$; $\beta = 28^0 34' 24''$
7. $b = 13{,}544$; $t_c = 22{,}697$; $\gamma = 46^0 32' 8''$
8. $h_a = 24{,}909$; $t_c = 33{,}207$; $\gamma = 41^0 5' 16''$
9. $a : b = m : n\,(53 : 35)$; $t_c = 45{,}587$; $\alpha = 50^0 10' 5''$
10. $a : b = m : n\,(32 : 15)$; $t_c = 91{,}285$; $\gamma = 32^0 10' 22''$.

III. Ein Dreieck zu berechnen aus:

1. $a = 159{,}78$; $c = 116{,}95$; $t_a = 54{,}32$
2. $c = 15{,}618$; $t_a = 10{,}305$; $t_c = 9{,}597$
3. $a = 30{,}945$; $b = 19{,}619$; $t_c = 21{,}8$
4. $c = 79{,}312$; $t_a = 39{,}621$; $t_b = 87{,}651$
5. $t_a = 6{,}652$; $t_b = 14{,}595$; $t_c = 11{,}587$
6. $a = 87{,}334$; $w_c = 52{,}36$; $u = 43{,}89$.

IV. Ein Trapez zu berechnen aus:

1. $b = 53{,}371$; $e = 95{,}216$; $\alpha = 43^0 33' 45''$; $\beta = 66^0 27' 27''$
2. $a = 103{,}05$; $e = 109{,}71$; $\alpha = 59^0 16' 29''$; $\beta = 74^0 55' 45''$
3. $\alpha = R$; $a = 13{,}311$; $c = 6{,}248$; $f = 15{,}757$
4. $\alpha = R$; $a = 39{,}261$; $d = 17{,}046$; $e = 22{,}427$
5. $\alpha = R$; $d = 8{,}429$; $e = 10{,}524$; $f = 26{,}891$
6. $a = 140{,}845$; $d = 51{,}841$; $e = 76{,}038$; $\alpha = 73^0 29' 10''$
7. $b = 11{,}486$; $c = 6{,}526$; $e = 14{,}963$; $\beta = 71^0 7' 36''$
8. $a = 58{,}057$; $c = 26{,}565$; $e = 64{,}239$; $\beta = 78^0 4' 17''$
9. $a = 84{,}607$; $b = 57{,}161$; $e = 54{,}338$; $\alpha = 50^0 25'$
10. $a = 15{,}902$; $b = 9{,}173$; $c = 9{,}189$; $e = 13{,}321$.

§ 5. Dreiecksaufgaben, die nach der rein geometrischen Methode zu lösen sind.

In den Aufgaben der Gruppe VI und den Aufgaben 6 bis 10 in Gruppe VII ist ein Ausdruck von der Form $x = m \pm n \operatorname{tg} \varphi$ dadurch zur logarithmischen Berechnung geeignet zu machen, daß man ihm die Form gibt $x = n \cdot \left(\frac{m}{n} \pm \operatorname{tg} \varphi\right)$ und $\frac{m}{n} = \operatorname{tg} \psi$ setzt; es wird alsdann $x = n \cdot \frac{\sin(\psi \pm \varphi)}{\cos \psi \cos \varphi}$. In den Aufgaben der Gruppe VIII treten Ausdrücke von der Form $x = m \sin \varphi \pm n \cos \varphi$ auf, die dadurch auf eine zur logarithmischen Berechnung geeignetere Form gebracht werden, daß man für $\frac{m}{n}$ oder $\frac{n}{m}$ die Tangente oder Kotangente eines Hilfswinkels einführt. In den Aufgaben der Gruppe IX kommen die Eigenschaften harmonischer Punkte zur Anwendung.

V. Ein Dreieck zu berechnen aus:

1. $\varrho = 91{,}652$; $\alpha = 105^0 15' 26''$; $\beta = 32^0 56' 26''$
2. $\varrho_c = 23{,}317$; $\alpha = 81^0 14' 34''$; $\beta = 59^0 24' 4''$
3. $c = 37{,}189$; $d = 14{,}147$; $\varrho = 9{,}724$
4. $c = 111{,}45$; $k = 170{,}37$; $\varrho_a = 82{,}992$.
5. $c = 21{,}915$; $d = 8{,}477$; $\varrho_c = 17{,}078$
6. $h_c = 7{,}408$; $\varrho = 2{,}527$; $\gamma = 59^0 30' 56''$
7. $h_c = 10{,}516$; $\varrho_c = 24{,}537$; $\gamma = 87^0 47' 46''$
8. $h_c = 27{,}6$; $\varrho_a = 59{,}339$; $\gamma = 96^0 5' 3''$.

VI. Ein Dreieck zu berechnen aus:

1. $c = 33{,}836$; $\varrho = 9{,}245$; $\alpha = 67^0 11' 19''$
2. $c = 27$; $\varrho_c = 19{,}45$; $\alpha = 93^0 22' 34''$
3. $c = 92{,}176$; $\varrho_a = 97{,}092$; $\alpha = 74^0 6' 38''$
4. $c = 33{,}814$; $\varrho_a = 32{,}506$; $\beta = 49^0 48' 46''$
5. $h_c = 11{,}606$; $\varrho = 4{,}469$; $\alpha = 60^0 27' 20''$
6. $h_a = 28{,}038$; $\varrho_a = 30{,}327$; $\gamma = 69^0 9' 49''$
7. $h_a = 23{,}726$; $\varrho_b = 19{,}695$; $\gamma = 57^0 55' 24''$
8. $k = 213$; $\varrho_a = 143$; $\alpha = 81^0 58' 38''$
9. $d = 2{,}088$; $\varrho_c = 2{,}936$; $\alpha = 100^0 43' 10''$
10. $s = 14{,}156$; $\varrho_a = 5{,}929$; $\beta = 56^0 3' 10''$.

VII. Ein Dreieck zu berechnen aus:

1. $c = 6{,}819$; $k = 14{,}767$; $\gamma = 40^0 50' 9''$
2. $c = 8{,}297$; $d = 5{,}905$; $\gamma = 39^0 50' 45''$
3. $c = 70{,}619$; $k = 239{,}117$; $\varrho = 21{,}235$
4. $c = 50$; $k = 95$; $\varrho_c = 41{,}437$
5. $c = 120{,}45$; $d = 22{,}23$; $\varrho_a = 52{,}436$
6. $k = 105$; $\varrho = 14{,}62$; $\gamma = 60^0 38' 20''$
7. $k = 16{,}392$; $\varrho_c = 18{,}684$; $\gamma = 103^0 37' 34''$
8. $d = 14{,}262$; $\varrho_a = 43{,}881$; $\gamma = 50^0 21' 40''$
9. $d = 4$; $\varrho_b = 4{,}867$; $\gamma = 85^0 30' 44''$
10. $s = 31{,}709$; $\varrho = 4{,}692$; $\gamma = 45^0 25' 40''$.

VIII. Ein Dreieck zu berechnen aus:

1. $c = 39{,}618$; $\varrho = 9{,}967$; $\gamma = 64^0 50' 50''$
2. $c = 24{,}134$; $\varrho_c = 21{,}904$; $\gamma = 67^0 2' 32''$
3. $c = 38{,}734$; $\varrho_a = 44{,}766$; $\gamma = 61^0 56' 28''$
4. $r = 87{,}042$; $\varrho = 38{,}449$; $\gamma = 51^0 54' 14''$
5. $r = 38{,}222$; $\varrho_c = 32{,}311$; $\gamma = 37^0 56' 21''$
6. $r = 70{,}663$; $\varrho_a = 72{,}902$; $\gamma = 102^0 27' 14''$
7. $c = 56{,}351$; $h_c = 36{,}215$; $\gamma = 68^0 25' 56''$
8. $s = 31{,}643$; $h_c = 19{,}904$; $\gamma = 30^0 50' 44''$.

IX. Ein Dreieck zu berechnen aus: *)

1.	$c = 49{,}836$;	$h_c = 45{,}704$;	$\varrho = 14{,}523$
2.	$c = 51{,}974$;	$h_c = 49{,}11$;	$\varrho_c = 40{,}498$
3.	$c = 67{,}416$;	$h_c = 52{,}076$;	$\varrho_a = 69{,}635$
4.	$k = 69{,}738$;	$h_c = 20{,}759$;	$\varrho = 9{,}153$
5.	$d = 13{,}738$;	$h_c = 20{,}759$;	$\varrho_a = 27{,}67$
6.	$s = 101{,}118$;	$h_c = 58{,}709$;	$\varrho = 17{,}998$
7.	$k = 115{,}738$;	$h_c = 34{,}143$;	$\varrho_a = 55{,}514$
8.	$d = 34{,}262$;	$h_c = 34{,}143$;	$\varrho = 14{,}842$
9.	$r = 5{,}506$;	$\varrho = 2{,}527$;	$h_c = 7{,}408$
10.	$r = 37{,}283$;	$\varrho_a = 82{,}064$;	$h_c = 56{,}566$.

§ 6. Dreiecksaufgaben, die nach der rein analytischen Methode zu lösen sind.

In den Aufgaben der Gruppe X sollen entweder erst die Winkel und dann die Seiten oder auf algebraischem Wege erst die Seiten und dann die Winkel berechnet werden. Die Aufgaben der Gruppe XII führen auf quadratische Gleichungen.

X. Ein rechtwinkliges Dreieck zu berechnen aus.

1.	$(a + c) = k = 16{,}057$	u.	$(b + c) = k' = 13{,}507$
2.	$(a + c) = k = 7{,}486$	u.	$(c - b) = d = 1{,}387$
3.	$(a + b) = k = 15{,}785$	u.	$(b + c) = k' = 19{,}645$
4.	$(a - b) = d = 2{,}279$	u.	$(c - b) = d' = 3{,}123$
5.	$(a + b) = k = 57{,}91$	u.	$(c - a) = d = 5{,}37$
6.	$(a + c) = k = 70{,}65$	u.	$(a - b) = d = 7{,}65$
7.	$(a - b) = d = 1{,}35$	u.	$(c - a) = d' = 14{,}67$
8.	$(a - b) = d = 2{,}191$	u.	$(b + c) = k = 11{,}776$.

XI. Ein Dreieck zu berechnen aus

1.	$\beta = 2\,\alpha$;	$a = 30{,}52$;	$b = 56{,}48$
2.	$\beta = 2\,\alpha$;	$b = 396{,}03$;	$(a + c) = k = 521{,}06$
3.	$\beta = 3\,\alpha$;	$c = 93{,}866$;	$(b - a) = d = 55{,}985$
4.	$\beta = 2\,\alpha$;	$a = 60{,}043$;	$c = 36{,}156$
5.	$\beta = 3\,\alpha$;	$a = 92{,}332$;	$b = 243{,}372$
6.	$\beta = 2\alpha$;	$c = 21{,}837$;	$(a + b) = k = 38{,}507$
7.	$\beta = 2\,\alpha$;	$c = 47{,}046$;	$(b - a) = d = 17{,}138$
8.	$\beta = 2\,\alpha$;	$h_c = 19{,}799$;	$c : a = p : q\ (5 : 3)$.

---

*) Bei der rein geometrisch-trigonometrischen Lösung der Aufgaben dieser Gruppe ist in den Aufgaben, in denen ϱ gegeben ist, der Kreis mit dem Radius ϱ_c zu Hilfe zu nehmen, und umgekehrt; ebenso nimmt man zu ϱ_a den Kreis mit ϱ_b. Die Aufgaben 1) bis 6) lassen sich einfacher auf teilweise analytischem Wege lösen, indem man von den Beziehungen

$$c \cdot h_c = 2\,\varrho\, s = 2\,\varrho_a\,(s - a) = 2\,\varrho_b\,(s - b) = 2\,\varrho_c\,(s - c)$$

Gebrauch macht.

XII. Ein Dreieck zu berechnen aus

1. $\beta = 3\,\alpha$;	$c = 24{,}291$;	$(a + b) = k = 150{,}14$
2. $\beta = 2\,\alpha$;	$b = 4{,}536$;	$(c - a) = d = 3{,}5615$
3. $\beta = 2\,\alpha$;	$b = 84{,}334$;	$p = 18{,}727$
4. $\beta = 3\,\alpha$;	$b = 90{,}818$;	$v = 42{,}995$.
5. $\beta = 3\,\alpha$;	$v = 85{,}904$;	$w_c = 144{,}82$
6. $\beta = 2\,\alpha$;	$b = 44{,}409$;	$c = 16{,}3$
7. $\beta = 2\,\alpha$;	$v = 56{,}973$;	$w_c = 27{,}383$
8. $\beta = 2\,\alpha$;	$a = 78{,}47$;	$w_b = 30{,}184$.

§ 7. Dreiecksaufgaben zur Einübung der *r*-Methode.

Die Aufgaben der Gruppe XIII lassen sich ohne Einführung eines Hilfswinkels lösen. In den Aufgaben der Gruppe XIV ist ein Ausdruck von der Form $m \pm n \operatorname{tg} \varphi$ und in den Aufgaben der Gruppe XV ein Ausdruck von der Form $m \sin \varphi \pm n \cos \varphi$ auf eine zur logarithmischen Berechnung geeignetere Form zu bringen.

XIII. Die Aufgaben V_6 bis V_8 und VI_5 bis VI_7 sind auch nach der *r*-Methode zu lösen, außerdem noch folgende Aufgaben:

Ein Dreieck zu berechnen aus

1. $k = 14{,}309$;	$r = 5{,}505$;	$\gamma = 42^0 13' 43''$
2. $k = 15{,}434$;	$r = 4{,}513$;	$\delta = 57^0 11' 20''$
3. $d = 26{,}688$;	$r = 42{,}739$;	$\gamma = 40^0 55' 52''$
4. $d = 3{,}678$;	$r = 5{,}906$;	$\delta = 87^0\ 6' 15''$
5. $h_c = 31{,}24$;	$\varrho = 12{,}56$;	$\delta = 19^0 40' 38''$
6. $h_c = 57{,}987$;	$\varrho_c = 37\,191$;	$\delta = 53^0\ 2' 16''$
7. $h_c = 21{,}935$;	$\varrho_a = 37{,}604$;	$\delta = 32^0\ 3' 20''$
8. $\varrho = 9{,}914$;	$\varrho_c = 19{,}891$;	$\gamma = 34^0 56' 27''$
9. $\varrho = 1{,}336$;	$\varrho_c = 12{,}756$;	$\delta = 21^0 56' 42''$
10. $\varrho_a = 47{,}123$;	$\varrho_b = 27{,}071$;	$\gamma = 112^0 28' 52''$.

XIV. Ein Dreieck zu berechnen aus

1. $c = 33{,}836$;	$\varrho = 9{,}245$;	$\alpha = 67^0 11' 19''$
2. $c = 92{,}176$;	$\varrho_a = 97{,}092$;	$\alpha = 74^0\ 6' 38''$
3. $c = 33{,}814$;	$\varrho_a = 32{,}506$;	$\beta = 49^0 48' 46''$
4. $c = 27$;	$\varrho_c = 19{,}45$;	$\alpha = 93^0 22' 34''$
5. $k = 213$;	$\varrho_a = 143$;	$\alpha = 81^0 58' 38''$
6. $k = 199{,}12$	$\varrho_b = 98{,}62$;	$\alpha = 39^0\ 8' 29''$
7. $d = 17$;	$\varrho = 14{,}62$;	$\alpha = 75^0\ 9' 18''$
8. $d = 5{,}688$;	$\varrho = 5{,}744$;	$\beta = 36^0 38' 50''$
9. $d = 2{,}088$;	$\varrho_c = 2{,}936$;	$\alpha = 100^0 43' 10''$
10. $d = 4{,}7$;	$\varrho_c = 4{,}352$;	$\beta = 26^0 18' 24''$.

XV. Ein Dreieck zu berechnen aus

1. $c = 17{,}352$;	$\varrho = 2{,}5623$;	$\gamma = 109^0\ 6' 32''$	(vgl. VIII_1)
2. $c = 32{,}068$;	$\varrho_a = 80{,}085$;	$\gamma = 33^0 24' 34''$	(vgl. VIII_3)
3. $d = 99{,}34$;	$\varrho = 23{,}379$;	$\gamma = 43^0 27' 34''$	

4. $k = 16{,}392$; $\varrho_a = 6{,}215$; $\gamma = 103^0 37' 33''$
5. $k = 23{,}752$; $\varrho = 3{,}1353$; $\gamma = 60^0 30' 10''$
6. $d = 6{,}276$; $\varrho_a = 21{,}513$; $\gamma = 39^0\ 5' 37''$
7. $h_c = 106{,}386$; $r = 93{,}057$; $\gamma = 68^0 29' 47''$
8. $r = 63{,}503$; $\Delta = 3166{,}15$; $\gamma = 46^0 21' 36''$
9. $r = 32{,}374$; $\varrho = 13{,}733$; $\gamma = 81^0 16' 50''$
10. $r = 49{,}174$; $\varrho_a = 45{,}028$; $\gamma = 104^0\ 3' 54''$.

XVI. Die Aufgaben der Gruppe IX sind auch nach der r-Methode zu lösen.

§ 8. Aufgaben mit besonderer Anleitung. (Gruppe XVII).

1. Aufgabe: Ein gleichschenkliges Dreieck zu berechnen aus $h_c = 9{,}025$ und $(a + c) = k = 17{,}154$.

a) Analytische Lösung: Bezeichnet man die Grundlinie mit x, die Schenkelseite mit y, so erhält man

$$x = \frac{2}{3}\left(2k - \sqrt{k^2 + 3h^2}\right) \text{ und } y = \frac{2}{3}\left(-\frac{k}{2} + \sqrt{k^2 + 3h^2}\right).$$

b) Geom.-trigonometrische Lösung: Verlängert man die Grundlinie AB um die Schenkelseite BC bis E, halbiert BE in F und verbindet F mit C, so ist das rechtwinklige Dreieck CDF konstruierbar; da sich $BC : BF = 2 : 1$ verhält, so läßt sich der Punkt B mit Hilfe des Apollonischen Kreises bestimmen. Bezeichnet man $\sphericalangle DCF$ mit φ, so ist $\operatorname{tg}\varphi = \frac{k}{2h_c}$ und $\sin\left(\varphi - \frac{\gamma}{2}\right) = \frac{1}{2} \cdot \cos\varphi$.

2. Aufgabe: Ein gleichschenkliges Dreieck zu berechnen aus

α) $a = 3{,}88$ und $(c + h_c) = k = 5{,}982$;
β) $a = 2{,}739$ „ $(c + h_c) = k = 6{,}012$.

a) Analytische Lösung: Bezeichnet man die Grundlinie mit x, die Höhe mit y, so erhält man

$$x = \frac{2}{5}\left(2\,k \pm \sqrt{5\,a^2 - k^2}\right) \text{ und } y = \frac{2}{5}\left(\frac{k}{2} \mp \sqrt{5\,a^2 - k^2}\right).$$

Ist $a > \frac{k}{2}$, so gilt nur das obere Vorzeichen; ist $a < \frac{k}{2}$, so haben beide Vorzeichen Geltung.

b) Geom.-trigonometrische Lösung: Verlängert man die Höhe CD über D hinaus um AB von D bis E und zieht die Verbindungslinie EB, deren Verlängerung die durch C zu AB gezogene Parallele in F schneidet, so ist das rechtwinklige Dreieck ECF konstruierbar. Bezeichnet man $\sphericalangle DEB$ mit φ, so ist $\operatorname{tg}\varphi = \frac{1}{2}$ und $\sin\left(\frac{\gamma}{2} + \varphi\right) = \frac{k}{a} \cdot \sin\varphi$.

3. Aufgabe: Ein rechtwinkliges Dreieck zu berechnen, wenn von ihm die Abschnitte $u = 3{,}7$ und $v = 1{,}2$ bekannt sind, in welche eine Kathete durch die Halbierungslinie des ihr gegenüberliegenden Winkels geteilt wird.

a) Analytische Lösung: Bezeichnet man die Hypotenuse BC mit x, die unbekannte Kathete AC mit y, so ergibt sich

$$x = u \cdot \sqrt{\frac{u+v}{u-v}} \text{ und } y = v \cdot \sqrt{\frac{u+v}{u-v}}.$$

b) Geom.-trigonometrische Lösung: Ist CD die Halbierungslinie des Winkels ACB und fällt man von D auf die Hypotenuse BC das Lot DE, so ist dieses gleich v und daher $\sin\beta = \cos\gamma = \frac{v}{u}$; $y = v \cdot \cot\frac{\gamma}{2}$ und $x = u \cdot \cot\frac{\gamma}{2}$.

4. Aufgabe: Ein Parallelogramm zu berechnen aus $(a+b) = k = 9{,}3$; $\alpha = 65^0$ und $\varepsilon = 122^0 35' 43''$.

Lösung: Zur Bestimmung der 4 Unbekannten a, b, e und f bestehen die 4 Gleichungen

$$1)\ a + b = k \qquad 3)\ a^2 = \frac{e^2+f^2}{4} - \frac{ef}{2}\cos\varepsilon$$

$$2)\ 2\,a\,b\sin\alpha = e\,f\,\sin\varepsilon \qquad 4)\ b^2 = \frac{e^2+f^2}{4} + \frac{ef}{2}\cos\varepsilon.$$

Durch Elimination von e und f erhält man die Gleichung

$$a - b = -\frac{2\,a\,b}{k} \cdot \frac{\sin\alpha}{\operatorname{tg}\varepsilon},$$

und diese gibt in Verbindung mit $a + b = k$ zur Bestimmung von $a - b$ die quadratische Gleichung

$$(a-b)^2 - 2\,k\,\frac{\operatorname{tg}\varepsilon}{\sin\alpha} \cdot (a-b) = k^2.$$

Setzt man $\cot\varphi = -\frac{\operatorname{tg}\varepsilon}{\sin\alpha}$, so wird $a - b = k \cdot \operatorname{tg}\frac{\varphi}{2}$.

5. Aufgabe: Ein Parallelogramm zu berechnen aus $(e+f) = k = 15{,}928$; $\alpha = 69^0 5' 13''$ und $\varepsilon = 122^0 14' 38''$.

1te Lösung: Man bestimmt zunächst die beiden Diagonalen e und f. Es ist

$$1)\ ef\sin\varepsilon = 2\,ab\sin\alpha;$$

ferner ergibt sich aus den beiden Gleichungen

$$e^2 = a^2 + b^2 + 2\,ab\cos\alpha \text{ und } f^2 = a^2 + b^2 - 2\,ab\cos\alpha,$$

daß $e^2 - f^2 = 4\,ab\cos\alpha$ oder

$$2)\ k\,(e-f) = 4\,ab\cos\alpha$$

ist. Aus 1) und 2) folgt $\frac{ef}{e-f} = \frac{k}{2} \cdot \frac{\operatorname{tg}\alpha}{\sin\varepsilon}$. Diese Gleichung liefert in Verbindung mit $e + f = k$ zur Bestimmung von $e - f$ die quadratische Gleichung

$$(e-f)^2 + 2\,k\,\frac{\operatorname{tg}\alpha}{\sin\varepsilon} \cdot (e = f) = k^2.$$

Setzt man $\cot\varphi = \frac{\operatorname{tg}\alpha}{\sin\varepsilon}$, so wird $e - f = k\,.\operatorname{tg}\frac{\varphi}{2}$.

2te Lösung: Man bestimmt unmittelbar die Seiten a und b. Zur Bestimmung der 4 Unbekannten a, b, e und f bestehen die 4 Gleichungen

$$1)\ e + f = k \qquad 3)\ 4a^2 = e^2 + f^2 - 2ef\cos\varepsilon$$
$$2)\ 2ab\sin\alpha = ef\sin\varepsilon \qquad 4)\ 4b^2 = e^2 + f^2 + 2ef\cos\varepsilon.$$

Durch Elimination von e und f lassen sich hieraus zunächst die beiden Gleichungen ableiten

$$5)\ a^2 + ab\sin\alpha\cot\frac{\varepsilon}{2} = \frac{k^2}{4} \text{ und } b^2 + ab\sin\alpha\operatorname{tg}\frac{\varepsilon}{2} = \frac{k^2}{4},$$

aus denen sich zur Bestimmung von $\frac{a}{b}$ die quadratische Gleichung ergibt

$$6)\ \frac{a}{b} - \frac{b}{a} = -2\frac{\sin\alpha}{\operatorname{tg}\varepsilon}.$$

Setzt man $$7)\ \cot\varphi = -\frac{\sin\alpha}{\operatorname{tg}\varepsilon},$$ so wird

$\frac{a}{b} = \cot\frac{\varphi}{2}$ und es ergeben sich hieraus in Verbindung mit 5) für a und b schließlich die Werte

$$a = \frac{k}{2}\cos\frac{\varphi}{2}\cdot\sqrt{\frac{-\cos\varepsilon}{\sin\frac{\varepsilon+\varphi}{2}\cdot\sin\frac{\varepsilon-\varphi}{2}}};\ b = \frac{k}{2}\sin\frac{\varphi}{2}\cdot\sqrt{\frac{-\cos\varepsilon}{\sin\frac{\varepsilon+\varphi}{2}\cdot\sin\frac{\varepsilon-\varphi}{2}}}.$$

6. Aufgabe: In einem Viereck, dessen 4 Seiten gegeben sind, ist $\sphericalangle\,\alpha + \gamma = 90^0$. Wie groß sind die Winkel und der Flächeninhalt des Vierecks? [$a = 18$; $b = 13$; $c = 11$ und $d = 16$].

Lösung: Aus $f^2 = a^2 + d^2 - 2ad\cos\alpha$ und $f^2 = b^2 + c^2 - 2bc\sin\alpha$ folgt
$$2ad\cos\alpha - 2bc\sin\alpha = a^2 - b^2 - c^2 + d^2.$$
Setzt man
$$\operatorname{tg}\varphi = \frac{bc}{ad},\ \text{so wird}\ \cos(\alpha + \varphi) = \frac{a^2 - b^2 - c^2 + d^2}{2ad}$$
$$\text{und ferner}\ F = \tfrac{1}{2}ad\cdot\frac{\sin(\alpha+\varphi)}{\cos\varphi}.$$
Ebenso bestimmt man den Winkel β.

In ähnlicher Weise sind die beiden folgenden Aufgaben zu lösen:

7. Aufgabe: In einem Viereck, in dem $\gamma - \alpha = 90^0$ ist, kennt man die vier Seiten $a = 14$, $b = 3$, $c = 5$ und $d = 12$. Wie groß sind die Winkel α und γ und der Flächeninhalt des Vierecks?

8. Aufgabe: Zur Bestimmung der unzugänglichen Entfernung zweier Punkte A und B mißt man von zwei Standpunkten C und D aus, von denen man ungehindert nach A und B gelangen kann, die Entfernungen $BC = b = 48\,m$; $AD = d = 61\,m$; $AC = e = 76\,m$ und $BD = f = 97\,m$; außerdem ergibt die Messung, daß die Summe der Winkel ACB und ADB einen Rechten beträgt. Wie lang ist die Strecke AB?

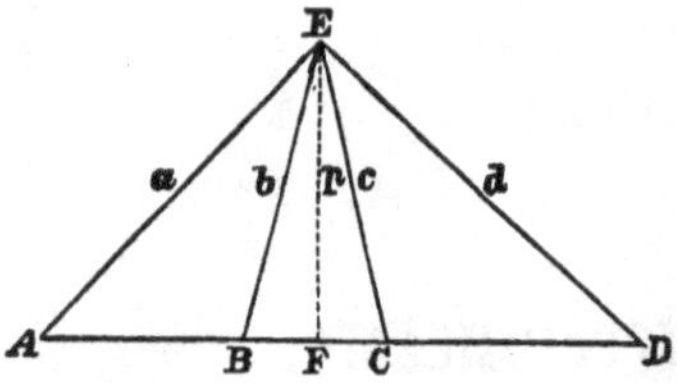

9. Aufgabe: Von einem Punkte E sind nach den in gerader Linie liegenden Punkten A, B, C, D die Strahlen a, b, c, d gezogen. Der doppelte Flächeninhalt des Dreiecks EAB ist gleich $AB \cdot p$ und gleich $ab \sin(ab)$, wenn die Höhe EF durch p und der Winkel AEB durch (ab) bezeichnet wird. Daher ist:

$$AB \cdot p = ab \sin(ab), \text{ ebenso } CD \cdot p = cd \sin(cd) \text{ usw.,}$$

also: $$\frac{abcd}{p^2} = \frac{AB \,.\, CD}{\sin(ab)\sin(cd)} = \frac{AC \,.\, BD}{\sin(ac)\sin(bd)} = \frac{AD \,.\, BC}{\sin(ad)\sin(bc)}.$$

Beispiele: a) Man kennt die Strecken $AB = q$, $BC = r$, $CD = s$ und soll den Punkt E finden, von dem aus diese Strecken gleich groß erscheinen. Man hat dann

$$\frac{qs}{\sin x \sin x} = \frac{(q+r)(r+s)}{\sin 2x \sin 2x}, \text{ also: } \cos x = \sqrt{\frac{(q+r)(r+s)}{4qs}}.$$

Setzt man Winkel $EBC = z$, so findet man

$$b \sin x = q \sin(z - x) = r \sin(z + x)$$

und hieraus leicht z und die Strecken a, b, c, d; nämlich:

$$\operatorname{tg} z = \frac{q+r}{q-r} \operatorname{tg} x, \quad a = \frac{q \sin z}{\sin x}, \quad b = \frac{q \sin(z-x)}{\sin x} \text{ usw.}$$

Ebenso läßt sich die Aufgabe lösen, wenn die Winkel bei E sich wie $1:2:3$ verhalten oder andere Bedingungen erfüllen müßten.

b) Die Winkel $AEB = \alpha$, $BEC = \beta$, $CED = \gamma$ sind gemessen, und aus den Strecken q und s soll die mittelste $r = x$ bestimmt werden. Man erhält x aus der Formel:

$$\frac{(q+x)(s+x)}{\sin(\alpha+\beta)\sin(\beta+\gamma)} = \frac{qs}{\sin\alpha \sin\gamma}.$$

c) Der Kanal $ABCD$ schneidet die Straße ED. Von E aus wird der Mastbaum eines Schiffes, das mit der Geschwindigkeit g nach D hin segelt, zuerst in A beobachtet; nach t Sekunden wird er in B und nach Verlauf von weiteren t' Sekunden in C erblickt. Die Winkel α, β, γ werden gemessen. Man soll die Strecken $CD = x$, $ED = z$ und den Winkel $ECB = y$ bestimmen. — Es ist $AB = gt$, $BC = gt'$, also:

$$\frac{gt \cdot x}{\sin\alpha \sin\gamma} = \frac{g(t+t')(gt'+x)}{\sin(\alpha+\beta)\sin(\beta+\gamma)}.$$

Hieraus ergibt sich x und dann

$$z = \frac{x \,.\, \sin y}{\sin\gamma} = \frac{(x+gt')\sin(\beta+y)}{\sin(\beta+\gamma)}, \text{ also}$$

$$\frac{\sin(\beta+y)}{\sin y} = \frac{x \,.\, \sin(\beta+\gamma)}{(x+gt')\sin\gamma},$$

woraus y und dann z gefunden wird.

Fünfter Teil: Stereometrie.

§ 1. Das Prisma (O VI §§ 36, 37).

(Zu sämtlichen Aufgaben ist das Schrägbild des Körpers zu zeichnen.)

1. Ein gerades dreiseitiges Prisma ist oben schief abgeschnitten. Die Grundfläche ist ein Dreieck, dessen Seiten $a = 4{,}43$ cm, $b = 5{,}79$ cm und $c = 5{,}08$ cm lang sind, die Seitenkanten haben die Länge $d = 4{,}51$ cm, $e = 6{,}38$ cm und $f = 8{,}51$ cm. Wie groß ist der Rauminhalt des Körpers?

2. Ein schiefes Prisma mit quadratischer Grundfläche ist so beschaffen, daß eine Ecke der Deckfläche senkrecht über dem Mittelpunkte der wagerechten Grundfläche liegt; jede Seite der Grundfläche ist $a = 4{,}63$ cm, jede Seitenkante $2\frac{1}{3}$mal so lang. Welchen Rauminhalt hat das Prisma und wie groß sind die Winkel der Seitenflächen?

3. Ein regelmäßiges dreiseitiges Prisma hat eine Gesamtoberfläche von $O = 92{,}68$ qcm, jede Seitenkante ist doppelt so groß als die Höhe der Grundfläche. Wie groß ist jede Seite der Grundfläche und welchen Rauminhalt hat das Prisma?

4. Die Grundfläche eines geraden Prismas ist ein gleichseitiges Dreieck, die Gesamtoberfläche des Prismas beträgt $O = 58{,}64$ qcm und jede Seitenkante besitzt die Länge $b = 5{,}65$ cm. Wie groß ist jede Seite der Grundfläche?

5. Ein regelmäßiges fünfseitiges Prisma von $h = 7{,}46$ cm Höhe hat eine Gesamtoberfläche von $O = 57{,}56$ qcm. Wie groß ist jede Seite der Grundfläche und wieviel wiegt das Prisma, wenn es aus Blei vom spezifischen Gewicht $\sigma = 11{,}395$ besteht?

6. Bei einem sechsseitig geformten Trinkglase hat jede äußere Grundkante die Länge $a = 3{,}8$ cm, die äußere Höhe beträgt $h = 9{,}7$ cm, und die Dicke des Glases ist $d = 0{,}3$ cm. Wieviel wiegt das Glas, wenn das spezifische Gewicht des Glases $\sigma = 2{,}52$ ist. — Im Schrägbilde ist d etwas größer anzunehmen.

7. Durch ein gerades Prisma mit quadratischer Grundfläche von der Seite $a = 3{,}8$ cm und mit der Höhe $h = 7{,}3$ cm wird durch eine Kante der Deckfläche ein ebener Schnitt gelegt, der gegen die Deckfläche unter dem Winkel $\alpha = 58^0\,51'\,40''$ geneigt ist. Wie groß ist der Rauminhalt des schiefabgeschnittenen vierseitigen Prismas?

8. Die Grundfläche und zwei Seitenflächen eines schiefen Prismas sind Rechtecke, die beiden anderen Seitenflächen Parallelogramme mit dem spitzen Winkel $\alpha = 73^0 21'22''$; die Seiten der Grundfläche sind $a = 4{,}39$ cm und $b = 3{,}61$ cm, jede Seitenkante ist $c = 7{,}05$ cm. Durch eine Seite der Deckfläche wird ein ebener Schnitt gelegt, der auf den Seitenkanten senkrecht steht. Wie groß ist der Rauminhalt des abgeschnittenen vierseitigen Prismas?

9. Ein gerades Prisma hat zur Grundfläche ein gleichschenkliges Dreieck, dessen Winkel an der Spitze $\gamma = 80^0$ ist. Ein Schnitt durch die Grundlinie dieses Dreiecks und die ihr gegenüberliegende Ecke des Prismas bildet ein gleichschenkliges Dreieck, dessen Schenkelseiten $d = 8{,}473$ cm lang sind und dessen Winkel an der Spitze $\alpha = 43^0$ ist. Wie groß ist der Rauminhalt des Prismas?

10. Die Grundfläche eines geraden Prismas ist ein gleichschenkliges Dreieck mit der Grundlinie $c = 5{,}44$ cm und dem Winkel an der Spitze $\gamma = 70^0$. Ein Schnitt durch die Grundlinie dieses Dreiecks und die ihr gegenüberliegende Ecke des Prismas bildet ein gleichschenkliges Dreieck, dessen Winkel an der Spitze $\alpha = 43^0$ ist. Wie groß ist der Rauminhalt des Prismas?

§ 2. Die Pyramide (O VI §§ 36, 37).

(Zu den Aufgaben 1 bis 4, 7, 9 und 10 ist das Schrägbild des Körpers zu zeichnen.)

1. Eine gerade vierseitige Pyramide hat als Grundfläche ein Quadrat von $a = 2{,}82$ cm Seitenlänge, jede Seitenkante ist $b = 4{,}08$ cm lang. Wie groß ist der Neigungswinkel der Seitenkanten gegen die Grundfläche und wie viel wiegt die Pyramide, wenn sie aus Granit vom spezifischen Gewicht 2,87 besteht?

2. Die Grundfläche einer geraden Pyramide ist ein regelmäßiges Achteck, dessen umbeschriebener Kreis einen Radius von $r = 2{,}37$ cm besitzt, jede Seitenkante hat die Länge $b = 8{,}01$ cm. Wie groß ist der Rauminhalt der Pyramide?

3. Von einer regelmäßigen fünfseitigen Pyramide ist jede Seite der Grundfläche $a = 3{,}14$ cm und jede Seitenkante $b = 7{,}88$ cm. Welchen Rauminhalt hat die Pyramide und wie groß sind die Neigungswinkel der Seitenkanten und der Seitenflächen gegen die Grundfläche?

4. Eine dreiseitige Pyramide aus Marmor hat als Grundfläche ein gleichseitiges Dreieck, dessen Seiten eine Länge von $a = 2{,}18$ cm besitzen; jede Seitenkante ist 4 mal so lang. Wie groß ist der Neigungswinkel der Seitenflächen gegen die Grundfläche und wie viel wiegt die Pyramide, wenn das spezifische Gewicht des Marmors gleich 2,84 ist?

5. Die Seitenflächen einer geraden regelmäßigen achtseitigen Pyramide sind gleichschenklige Dreiecke, deren Winkel an der Spitze $\gamma = 30^0 10' 4''$ ist und deren Schenkelseiten die Länge $b = 3{,}06$ cm besitzen. Welchen Rauminhalt hat die Pyramide und wie groß ist der Neigungswinkel der Seitenflächen gegen die Grundfläche?

6. Die Grundfläche einer geraden Pyramide ist ein regelmäßiges Zehneck von $a = 3{,}37$ cm Seitenlänge, ihre Seitenkanten sind unter dem Winkel $\varphi = 74^0 25' 47''$ gegen die Grundfläche geneigt. Wie groß ist der Rauminhalt der Pyramide?

7. Jede Grundkante einer regelmäßigen sechsseitigen Pyramide ist $a = 2{,}82$ cm, jede Seitenkante gleich $2a$. Der Pyramide ist ein gerades sechsseitiges Prisma einbeschrieben, dessen obere Ecken in den Seitenkanten der Pyramide liegen. Wie groß ist der Rauminhalt dieses Prismas, wenn jede seiner Seitenflächen gerade so groß ist wie die Grundfläche?

8. Aus einem $p = 918{,}4$ g schweren Stück Blei sollen ein regelmäßiges Tetraeder und ein regelmäßiges Oktaeder gegossen werden, die beide dieselbe Kantenlänge besitzen. Wie groß wird jede Kante dieser beiden Körper, wenn das spezifische Gewicht des Bleis $\sigma = 11{,}41$ ist?

9. Ein Würfel mit der Kante a soll an den acht Ecken durch Schnittebenen so abgestumpft werden, daß sämtliche Kanten des Restkörpers gleiche Länge erhalten. Wie groß ist der Rauminhalt dieses Restkörpers?

10. Von der Deckfläche eines Würfels von $a = 3{,}97$ cm Kantenlänge werden an den vier Ecken gleichschenklige Dreiecke abgeschnitten, so daß ein regelmäßiges Achteck übrigbleibt. Über diesem steht eine gerade Pyramide, deren Höhe gleich der Kante des Würfels ist. Wie groß ist der Rauminhalt des Gesamtkörpers?

§ 3. Der Zylinder (O VI §§ 38, 39).

(Mit Schrägbild zu den Aufgaben 5 und 8.)

1. Ein gerades Prisma von $h = 30{,}05$ cm Höhe, dessen Grundfläche ein regelmäßiges Zwölfeck von $a = 3$ cm Seitenlänge ist, soll in einen Zylinder mit quadratischem Achsenschnitt umgeformt werden. Wie groß wird der Radius des Grundkreises?

2. Die Gesamtoberfläche eines geraden Zylinders von $h = 5{,}14$ cm Höhe beträgt $O = 95{,}53$ qcm; wie groß ist der Radius des Grundkreises und der Rauminhalt des Zylinders?

3. Die Höhe eines geraden Zylinders sei um $a = 2{,}34$ cm größer als der Durchmesser der Grundfläche, die Gesamtoberfläche betrage $O = 93{,}41$ qcm. Wie groß ist der Radius der Grundfläche und der Rauminhalt des Zylinders?

4. Wie groß ist der Rauminhalt eines Zylinders von $O = 560{,}25$ qcm Oberfläche, wenn sein Achsenschnitt ein Rechteck von $a = 51{,}44$ cm Umfang ist?

5. Ein regelmäßiges Tetraeder von der Kantenlänge $a = 3{,}63$ cm ist einem geraden Zylinder einbeschrieben; die Grundfläche des Tetraeders ist das dem Grundkreise des Zylinders einbeschriebene gleichseitige Dreieck, seine Spitze ist der Mittelpunkt der Deckfläche des Zylinders. Wie groß ist die Mantelfläche und der Rauminhalt des Zylinders?

6. Die Grundfläche eines geraden Zylinders beträgt $G = 28{,}27$ qcm, die Mantelfläche $M = 122{,}38$ qcm. Wie groß ist der Rauminhalt der diesem Zylinder einbeschriebenen regelmäßigen dreiseitigen Pyramide?

7. Ein Zylinder hat den Rauminhalt $V = 169$ ccm; der Achsenschnitt ist ein Rechteck, dessen Umfang gleich dem Umfang der Grundfläche ist. Wie groß ist die Mantelfläche des Zylinders?

8. Die Grundfläche einer geraden Pyramide ist ein regelmäßiges Fünfeck von $a = 3{,}34$ cm Seitenlänge, jede Seitenkante hat die Länge $b = 8{,}27$ cm. Aus der Pyramide soll ein möglichst großer Zylinder von $h = 4{,}388$ cm Höhe herausgeschnitten werden. Wie groß wird der Radius des Grundkreises und wieviel wiegt der Zylinder, wenn die Pyramide aus Birnbaumholz vom spezifischen Gewicht 0,7 besteht?

9. Ein Silberdraht von $h = 1{,}45$ m Länge und $p = 9{,}741$ g Gewicht soll mit $p' = 8$ g Gold vergoldet werden. Wie dick wird die Vergoldung, wenn das spezifische Gewicht des Silbers $\sigma = 10{,}56$, das des Goldes $\sigma' = 19{,}71$ ist?

10. Ein Eisenrohr von $h = 4{,}5\ m$ Länge, einem lichten Durchmesser von 5,23 cm und einer Wandstärke von 5 mm soll außen verkupfert werden, so daß das Gewicht des Rohres dadurch um den fünften Teil vergrößert wird. Wie dick wird die Kupferschicht, wenn das spezifische Gewicht des Eisens $\sigma = 7{,}76$, das des Kupfers $\sigma' = 8{,}92$ ist?

§ 4. Der Kegel (O VI §§ 38, 40).

(Mit Schrägbild zu den Aufgaben 4, 5, 8 und 10.)

1. Der Achsenschnitt eines Kegels ist ein gleichschenkliges Dreieck, dessen Winkel an der Spitze $\varphi = 35^0 22' 9''$ ist, der Grundkreis hat einen Flächeninhalt von $F = 26{,}29$ qcm. Wie groß ist die Kante eines Würfels, der mit dem Kegel gleichen Rauminhalt besitzt?

2. Ein gerader Kegel aus Sandstein vom spezifischen Gewicht $\sigma = 2{,}43$ wiegt $p = 39{,}29$ kg; jede Seitenlinie bildet mit der Grundfläche einen Neigungswinkel von $\varphi = 72^0 55' 40''$. Wie groß ist der Radius des Grundkreises und die Oberfläche des Kegels?

3. Die Grundfläche eines geraden Kegels sei $G = 22{,}9$ qcm, der Neigungswinkel einer Seitenlinie gegen die Grundfläche $\varphi = 68^0 15' 16''$. Wie groß ist der Rauminhalt und die Oberfläche des Kegels?

4. Die Grundfläche einer dreiseitigen Pyramide ist ein gleichseitiges Dreieck, dessen Seiten die Länge $a = 4{,}71$ cm besitzen; jede Seitenfläche ist unter dem Winkel $\psi = 70^0 10'$ gegen die Grundfläche geneigt. Wie groß ist der Rauminhalt und die Mantelfläche des dieser Pyramide einbeschriebenen Kegels, dessen Grundkreis in der Grundfläche der Pyramide liegt?

5. Die Grundfläche einer dreiseitigen Pyramide ist ein gleichseitiges Dreieck, dessen Seiten die Länge $a = 5{,}43$ cm besitzen, jede Seitenkante ist unter dem Winkel $\varphi = 50^0 13' 3''$ gegen die Grundfläche geneigt. Wie groß ist der Rauminhalt und die Mantelfläche des dieser Pyramide einbeschriebenen Kegels, dessen Grundkreis in der Grundfläche der Pyramide liegt?

6. Die Höhe eines geraden Kegels sei $h = 47{,}6$ cm, der Radius des Grundkreises $r = 9{,}3$ cm. Der Kegel soll durch eine der Mantelfläche parallele Fläche so ausgehöhlt werden, daß der Rauminhalt des Hohlkegels halb so groß ist als der des vollen Kegels. Welche Wandstärke besitzt der Hohlkegel?

7. Die Grundfläche einer Pyramide ist ein regelmäßiges Fünfeck von $a = 4{,}35$ cm Seitenlänge, jede Seitenkante ist unter dem Winkel $\varphi = 68^0$ gegen die Grundfläche geneigt. Wie groß ist die Mantelfläche eines Kegels, der eine ebenso große Grundfläche und Höhe hat wie die Pyramide?

8. Ein Würfel, dessen Kanten die Länge $a = 2{,}72$ cm besitzen, ist einem Kegel so einbeschrieben, daß die unteren Ecken auf der Grundfläche, die oberen auf dem Mantel des Kegels liegen; die Seitenlinie des Kegels verhält sich zu seiner Höhe wie 9 : 7. Wie groß ist der Kegelmantel?

9. Ein Kegel, dessen Achsenschnitt ein gleichseitiges Dreieck ist, und ein Würfel haben gleich große Oberflächen. In welchem Verhältnis stehen die Rauminhalte beider Körper?

10. Der Grundkreis eines schiefen Kegels hat den Flächeninhalt $F = 42{,}87$ qcm, die längste Seitenlinie ist unter dem Winkel $\alpha = 63^0{,}5$, die kürzeste unter dem Winkel $\beta = 78^0{,}4$ gegen die Grundfläche geneigt. Wie groß ist der Radius des Grundkreises und der Rauminhalt des Kegels?

§ 5. Der Pyramiden- und der Kegelstumpf (O VI §§ 36, 42).

(Mit Schrägbild zu den Aufgaben 1 bis 8.)

1. Ein gerader Pyramidenstumpf von $h = 4{,}51$ cm Höhe hat als Grundfläche ein regelmäßiges Fünfeck von $a = 1{,}37$ cm Seitenlänge, jede Seite der Deckfläche ist $\frac{3}{5}$mal so lang als eine Seite der Grundfläche. Wie groß ist der Rauminhalt des Pyramidenstumpfes? — Das Schrägbild ist im Maßstabe 2 : 1 zu entwerfen.

2. Eine gerade abgestumpfte Pyramide hat als Grundfläche ein regelmäßiges Fünfeck von $a = 3{,}5$ cm Seitenlänge, jede Seite der Deckfläche ist $a' = 2{,}1$ cm und jede Seitenkante $b = 5{,}931$ cm lang. Welchen Rauminhalt hat der Pyramidenstumpf und unter welchen Winkeln sind die Seitenkanten und die Seitenflächen gegen die Grundfläche geneigt?

3. Eine gerade abgestumpfte Pyramide hat als Grundfläche ein regelmäßiges Achteck von $a = 4{,}67$ cm Seitenlänge, jede Seite der Deckfläche ist $a' = 1{,}94$ cm und jede Seitenkante $b = 11{,}35$ cm lang. Welchen Rauminhalt hat der Pyramidenstumpf und wie groß ist die Höhe der Ergänzungspyramide?

4. Ein gerader Pyramidenstumpf hat als Grund- und Deckfläche regelmäßige Achtecke von $a = 2{,}9$ cm und $a' = 1{,}7$ cm Seitenlänge, jede Seitenkante ist unter dem Winkel $\varphi = 71^0 9' 19''$ gegen die Grundfläche geneigt. Wie groß ist der Rauminhalt des Stumpfes?

5. Die Grundfläche und die Deckfläche eines geraden Pyramidenstumpfes sind regelmäßige Neunecke von $a = 2{,}3$ cm und $a' = 1{,}4$ cm Seitenlänge, die Höhe beträgt $h = 8{,}7$ cm. Welchen Rauminhalt hat der Pyramidenstumpf und wie groß ist jede Seite der Grundfläche eines regelmäßigen neunseitigen Prismas, das mit dem Pyramidenstumpf gleichen Rauminhalt und dieselbe Höhe besitzt?

6. Die Grund- und die Deckfläche eines geraden Pyramidenstumpfes sind regelmäßige Sechsecke von $a = 2{,}87$ cm und $a' = 1{,}69$ cm Seitenlänge, jede Seitenkante hat die Länge $b = 6{,}56$ cm In dem Pyramidenstumpfe steht ein Kegel, dessen Grundkreis die Seiten der Grundfläche des Pyramidenstumpfes berührt und dessen Spitze in der Mitte der Deckfläche liegt. Wie groß ist der Rauminhalt und die Mantelfläche dieses Kegels?

7. Ein gerader Kegelstumpf hat die Höhe $h = 6{,}31$ cm und den Rauminhalt $V = 180$ ccm, der Radius des Grundkreises verhält sich zu dem des Deckkreises wie 7 : 3. Wie groß ist die Seitenlinie und die Mantelfläche des Kegelstumpfes?

8. Die Grundfläche eines Kegelstumpfes ist ein Kreis vom Radius $r = 4{,}2$ cm, die Deckfläche ein Kreis vom Radius $r' = 1{,}2$ cm, die Höhe beträgt $h = 7{,}2$ cm. Dem Kegelstumpf ist ein Doppelkegel einbeschrieben, dessen Grundflächen von der Grund- und Deckfläche des Kegelstumpfes gebildet werden. In welchem Verhältnis steht die Mantelfläche des Doppelkegels zu der des Kegelstumpfes?

9. Es soll ein Wasserbehälter von der Form eines abgestumpften geraden Kegels hergestellt werden, der 207 hl zu fassen vermag. Derselbe soll eine innere Höhe von $h = 2{,}44$ m erhalten und der Radius der oberen Deckfläche soll $r = 1{,}92$ m betragen. Wie groß ist der Radius der Grundfläche zu nehmen und unter welchem Winkel ist die Seitenlinie gegen die Grundfläche geneigt?

10a. Ein aus Blei gegossener Ring hat die Gestalt eines Umdrehungskörpers, der durch Rotation eines gleichseitigen Dreiecks von $a = 6{,}28$ cm Seitenlänge um eine Achse entstanden ist, die einer Dreiecksseite parallel ist und von ihr den Abstand $b = 2{,}77$ cm besitzt. Wie groß ist die Oberfläche und das Gewicht dieses Bleiringes, wenn das spezifische Gewicht des Bleis $\sigma = 11{,}38$ ist?

10b. Dieselbe Aufgabe für den Fall, daß der Ring aus Kupfer vom spezifischen Gewicht $\sigma = 8{,}922$ besteht, daß ferner $a = 4{,}41$ cm und b gleich der Höhe des gleichseitigen Dreiecks ist.

11. Ein rechtwinkliges Dreieck mit den Katheten $a = 7{,}7$ cm und $b = 3{,}6$ cm dreht sich um eine zur Hypotenuse parallele Achse, welche von ihr den Abstand $d = 1{,}84$ cm besitzt. Wie groß ist der Rauminhalt und die äußere Mantelfläche des entstehenden ringförmigen Umdrehungskörpers?

12. Eine Schenkelseite eines gleichschenkligen Dreiecks wird durch die zugehörige Höhe in die beiden Abschnitte $p = 2{,}8$ cm und $q = 2{,}5$ cm zerlegt. Wie groß ist der Rauminhalt und die äußere Mantelfläche desjenigen ringförmigen Körpers, der durch Umdrehung dieses Dreiecks um eine zu jener Schenkelseite parallele Achse entsteht, wenn diese von der Seite den Abstand $d = 3{,}9$ cm besitzt?

§ 6. Die Kugel (O VI §§ 43—45).

1. Eine Hohlkugel aus Glas, deren äußerer Radius $r = 4{,}6$ cm ist, wiegt 297 g. Wie groß ist der innere Radius und die Wandstärke, wenn das spezifische Gewicht des Glases $\sigma = 3{,}05$ beträgt?

2. Einer Kugel mit dem Radius r ist ein gerader Zylinder einbeschrieben, dessen Gesamtoberfläche $\frac{3}{4}$ mal so groß ist als die Kugelfläche. Wie groß ist der Radius der Grundfläche dieses Zylinders und wie konstruiert man diesen Radius?

3. Einer Kugel vom Radius $r = 2{,}93$ cm ist ein gerades Prisma mit quadratischer Grundfläche einbeschrieben, dessen Höhe $h = 4{,}94$ cm beträgt; wie groß ist die Kante eines Würfels, der denselben Rauminhalt hat wie dieses Prisma?

4. Einer Kugel ist eine gerade Pyramide einbeschrieben, deren Grundfläche ein regelmäßiges Fünfeck von $a = 1{,}82$ cm Seitenlänge ist, jede Seitenkante der Pyramide bildet mit der Grundfläche einen Neigungswinkel von $\alpha = 72^0$. Wie groß ist der Rauminhalt der Kugel?

5. Die Seitenlinie eines geraden Kegels ist $s = 8{,}623$ cm, der Radius des Grundkreises $r = 3{,}311$ cm. Wie groß ist die Oberfläche der diesem Kegel umbeschriebenen und der Rauminhalt der einbeschriebenen Kugel?

6. Die Höhe eines geraden Kegels sei $h = 8$ cm, der Radius des Grundkreises $r = 3,9$ cm. Wie groß ist die Oberfläche der dem Kegel einbeschriebenen und der Rauminhalt der ihm umbeschriebenen Kugel?

7. Ein kupfernes Rohr von 88,99 cm Länge, 3,7 cm äußerem und 2,1 cm innerem Durchmesser soll mit $2\frac{1}{2}$ kg Zink vom spezifischen Gewicht $\sigma = 7,151$ zu einer Messinglegierung zusammengeschmolzen und aus der Legierung eine Kugel gegossen werden. Wie groß wird der Radius dieser Kugel?

8. Eine Hohlkugel aus Messing von 606,6 g Gewicht und 3 mm Wandstärke soll vernickelt werden. Nach dem Vernickeln ist sie um 477,1 g schwerer geworden. Wie groß ist der äußere und der innere Radius der messingnen Hohlkugel und um wieviel wird diese durch das Vernickeln dicker, wenn das spezifische Gewicht des Messings $\sigma = 8,5$, das des Nickels $\sigma' = 8,97$ ist.

9. Zwei Kugeln berühren einander von außen und werden von einem gemeinsamen geraden Berührungskegel umhüllt, dessen Grundkreis den Radius $r = 2,25$ cm hat und dessen Seitenlinie $s = 6,72$ cm ist. Wie groß sind die Oberflächen der beiden Kugeln?

10. Aus einem Zylinder aus Pappelholz, dessen Grundkreis den Radius $r = 3,7$ cm besitzt und dessen Höhe $h = 14,1$ cm ist, soll an dem einen Ende eine Halbkugel, an dem anderen ein Kegel herausgeschnitten werden, so daß sowohl der Radius der Halbkugel als auch der Radius der Grundfläche des Kegels gleich r ist; die Spitze des Kegels soll in der Oberfläche der Halbkugel liegen. Wieviel wiegt der übrigbleibende Körper, wenn das spezifische Gewicht der Pappelholzes $\sigma = 0,52$ ist?

§ 7. Die Kugelteile (O VI §§ 46—52).

1. Ein Kugelabschnitt, dessen ebene Oberfläche sich zur krummen wie 5 : 8 verhält, hat einen Rauminhalt von 28,33 ccm. Wie groß ist die Oberfläche der ganzen Kugel?

2. Eine Kugel soll durch eine Ebene in 2 Abschnitte so zerlegt werden, daß die Gesamtoberfläche des kleineren Kugelabschnitts gleich der halben Kugelfläche ist. Wie groß ist der zugehörige Zentriwinkel?

3. Der Rauminhalt einer Kugel sei $V = 79,73$ ccm. Von der Kugel ist ein Abschnitt abgeschnitten, dessen Gesamtoberfläche 47,87 qcm beträgt. Wie groß ist der Radius der Kugel und die Höhe des Abschnitts?

4. Aus einer Kugel vom Radius r soll ein Ausschnitt herausgeschnitten werden, dessen kegelförmiger Teil einen doppelt so großen Rauminhalt hat als der Kugelabschnitt. In welchem Verhältnis steht der Rauminhalt des Ausschnitts zu dem der Kugel und der Flächeninhalt der Haube zu dem der ganzen Kugeloberfläche?

5. Ein kupferner Ring wird nach innen von einer $h = 5,43$ cm hohen Zylinderfläche begrenzt, deren Grundflächen einen Radius von $\varrho = 2,63$ cm besitzen, nach außen von einer Kugelzone, welche dieselben Grundflächen hat wie der Zylinder. Wie dick ist der Ring an seiner stärksten Stelle und wie viel wiegt er, wenn das spezifische Gewicht des Kupfers $\sigma = 8,94$ ist?

6. Einer Kugel vom Radius r soll ein Zylinder einbeschrieben werden, dessen Rauminhalt 6mal so groß ist als der Rauminhalt jedes der beiden Kugelabschnitte über den Grundflächen des Zylinders. Welchen Abstand haben diese Grundflächen vom Mittelpunkte der Kugel und in welchem Verhältnis steht die Oberfläche der Kugelzone zu dem Flächeninhalte jeder der beiden Hauben?

7. Einer Halbkugel vom Radius r soll ein gerader Zylinder einbeschrieben werden, dessen Rauminhalt ebenso groß ist wie der über der Deckfläche des Zylinders stehende Kugelabschnitt. Wie groß ist der Radius des Grundkreises und die Höhe des Zylinders, und in welchem Verhältnis steht die Kugelhaube zum Mantel des Zylinders?

8. Einer Kugel vom Radius $r = 4{,}22$ cm ist ein gerader Kegel einbeschrieben, dessen Seitenlinien mit der Höhe den Winkel $\alpha = 27^0 26'$ einschließen. Wie groß ist die Mantelfläche des Kegels und der Flächeninhalt der von der Grundfläche des Kegels begrenzten kleineren Kugelhaube?

9. Einem Kegel, dessen Höhe $h = 4{,}52$ cm beträgt und mit den Seitenlinien den Winkel $\alpha = 19^0 20' 12''$ bildet, ist eine Kugel umbeschrieben. Man soll die Mantelfläche des Kegels und den Flächeninhalt der kleineren Kugelhaube berechnen.

10. Einer Kugel vom Radius r ist ein Kegelstumpf einbeschrieben, dessen Grundfläche und Deckfläche auf verschiedenen Seiten des Kugelmittelpunktes liegen und von diesem den Abstand $\frac{1}{5} r$ bzw. $\frac{3}{5} r$ besitzen. In welchem Verhältnis steht der Rauminhalt des Kegelstumpfes und des zwischen dem Mantel desselben und der Kugelfläche befindlichen Ringes zum Rauminhalte der Kugel?

11. Einer Halbkugel vom Radius r ist ein abgestumpfter Kegel einbeschrieben, welcher die die Halbkugel begrenzende Kreisfläche zur Grundfläche hat und dessen Deckfläche von der Grundfläche den Abstand $\frac{4}{5} r$ hat. Wie verhält sich der Rauminhalt des über der Deckfläche stehenden Kugelabschnitts zu dem des Ringes, der von der Mantelfläche des Kegelstumpfes und der Kugelfläche begrenzt wird?

12. Einer Kugel ist ein Kegelstumpf von der Höhe $h = 1{,}7$ cm und dem Rauminhalte $a = 162$ ccm einbeschrieben; der Rauminhalt der zwischen denselben Kreisflächen liegenden Kugelschicht beträgt $b = 165{,}465$ ccm. Wie groß sind 1. die Radien der beiden Kreisflächen, 2. der Radius der Kugel und 3. der Flächeninhalt der Kugelzone?

§ 8. Das archimedische Prinzip.

1. Ein Zylinder aus Kork von 10,6 cm Durchmesser wird von einem zylindrischen Bleimantel umhüllt. Wie dick muß dieser gemacht werden, damit der Körper, auf der Seite liegend, bis zur Hälfte im Wasser einsinkt? — Das spezifische Gewicht des Korks ist $\sigma = 0{,}24$, das des Bleis $\sigma' = 11{,}38$.

2. Ein gerader Zylinder aus Holz von $2r = 7{,}616$ cm Durchmesser taucht, auf der Seite schwimmend, $c = 4{,}9$ cm tief im Wasser ein. Wie groß ist das spezifische Gewicht des Holzes?

3. Ein gerader Kegel aus Kork von $h = 10$ cm Höhe soll dadurch zum aufrechten Schwimmen im Wasser gebracht werden, daß man die Grundfläche mit einer zylindrischen Bleiplatte bedeckt. Wie dick muß diese Platte sein, wenn der Kegel bis zu $\frac{1}{2}$ seiner Höhe einsinkt? — Das spezifische Gewicht des Korkes beträgt $\sigma = 0{,}24$, das des Bleis $\sigma' = 11{,}4$.

4. Ein Kegel ist aus zwei Teilen zusammengesetzt, einem Kegel aus Blei vom spezifischen Gewicht $\sigma = 11,4$ und einem Kegelstumpf aus Eichenholz vom spezifischen Gewicht $\sigma' = 0,7$. Wie tief schwimmt der ganze Kegel mit seiner Spitze unter der Wasseroberfläche, wenn er 5 mal so hoch ist als der Bleikegel? — Beispiel: Die Höhe des ganzen Kegels ist $h = 13$ cm.

5. Ein gerader abgestumpfter Kegel aus Kork von $h = 10$ cm Höhe soll dadurch zum aufrechten Schwimmen im Wasser gebracht werden, daß man an ihm eine die Grundfläche deckende zylindrische Eisenplatte anbringt. Der Radius der Grundfläche verhält sich zu dem der Deckfläche wie 3 : 2. Wie dick muß die Platte sein, wenn der Kegelstumpf bis zu $\frac{1}{3}$ seiner Höhe einsinkt? — Das spezifische Gewicht des Korkes beträgt $\sigma' = 0,24$, das des Eisens $\sigma = 7,6$.

6. An einem geraden Kegelstumpf aus Kork von $h = 17,6$ cm Höhe ist eine die Deckfläche deckende zylindrische Platte aus Kupfer angebracht, so daß der Körper im Wasser aufrecht schwimmt. Der Radius der Grundfläche verhält sich zu dem der Deckfläche wie 4 : 3. Wie dick muß die Kupferplatte sein, wenn der Kegelstumpf bis zu $\frac{3}{5}$ seiner Höhe einsinkt? — Das spezifische Gewicht des Korks ist $\sigma = 0,24$, das des Kupfers $\sigma' = 8,8$.

7. Eine Kugel aus Buchenholz, die einen Radius von $r = 5,06$ cm hat, sinkt im Wasser $d = 7,9$ cm tief ein. Wie groß ist der aus dem Wasser hervorragende Teil der Kugeloberfläche und welches ist das spezifische Gewicht des Buchenholzes?

8. Eine Kugel aus Kirschbaumholz hat den Radius $r = 8,9$ cm; ins Wasser geworfen sinkt sie so tief ein, daß der über dem Wasser befindliche Kugelabschnitt die Höhe $h = 7,46$ cm besitzt. Welches ist das spezifische Gewicht des Kirschbaumholzes?

9. Eine Kugel aus Eichenholz sinkt im Wasser so tief ein, daß der aus dem Wasser hervorragende Teil der Kugeloberfläche der fünfte Teil der ganzen Oberfläche ist. Wie groß ist das spezifische Gewicht des Eichenholzes?

10. Eine Halbkugel aus Pappelholz vom Radius $r = 3,7$ cm schwimmt mit der ebenen Kreisfläche nach oben in Wasser. Ihr Mittelpunkt befindet sich 1,1 cm über dem Wasserspiegel. Wie groß ist das spezifische Gewicht des Holzes?

11. Eine Halbkugel aus Eschenholz vom Radius $r = 7,1$ cm schwimmt mit der ebenen Kreisfläche nach unten in Wasser; ihr Mittelpunkt befindet sich 4,9 cm unter dem Wasserspiegel. Wie groß ist das spezifische Gewicht des Holzes?

12. Eine Hohlkugel, deren äußerer Radius $r = 3,83$ cm ist, sinkt im Wasser so tief ein, daß sich noch $\frac{1}{3}$ der ganzen Kugeloberfläche über Wasser befindet. Welche Dicke hat die Wandstärke und wie groß ist das Gewicht der Hohlkugel, wenn diese aus Pflaumenbaumholz vom spezifischen Gewicht $\sigma = 0,78$ besteht?

13. Eine Hohlkugel aus Nußbaumholz vom spezifischen Gewicht $\sigma = \frac{2}{3}$ hat einen äußeren Radius von $r = 5$ cm und sinkt in Wasser gerade zur Hälfte ein. Welche Dicke hat die Wandstärke und wie groß ist das Gewicht der Hohlkugel?

14. Eine Hohlkugel aus Messing vom spezifischen Gewicht $\sigma = 8,5$ hat den äußeren Radius $r = 8,9$ cm und sinkt in Wasser $h = 12$ cm tief ein. Welche Dicke hat die Wandstärke und wie groß ist das Gewicht der Hohlkugel?

§ 9. Die Anwendung der Grundformeln über die dreiseitige körperliche Ecke in stereometrischen Aufgaben.

(Zu sämtlichen Aufgaben ist das Schrägbild des Körpers zu zeichnen).

1. Ein schiefes Prisma hat als Grundfläche ein Quadrat von $a = 4{,}91$ cm Seitenlänge, jede Seitenkante ist $b = 9{,}83$ cm und jeder der spitzen Winkel der Seitenflächen beträgt $\alpha = 72^0 41' 56''$. Wie groß sind die Neigungswinkel, welche die Seitenflächen mit der Grundfläche und je zwei Seitenflächen miteinander bilden, und welchen Rauminhalt hat das Prisma?

2. Ein schiefes Prisma, dessen Seitenflächen kongruente Parallelogramme sind, hat als Grundfläche ein Quadrat von $a = 7{,}32$ cm Seitenlänge, jede Seitenkante hat die Länge $c = 4{,}83$ cm und ist unter dem Winkel $\varphi = 70^0$ gegen die Grundfläche geneigt. Wie groß ist der Rauminhalt des Prismas und welche Neigungswinkel bilden die Seitenflächen mit der Grundfläche und je zwei Seitenflächen miteinander?

3. Dieselbe Aufgabe für $a = 7{,}32$ cm, $c = 4{,}83$ cm und $\varphi = 60^0$.

4. Jede Kante eines Rhomboeders, d. h. eines von lauter kongruenten Rhomben begrenzten Parallelflachs, ist $a = 6{,}38$ cm, die spitzen Winkel der Rhomben betragen $\alpha = 70^0$. Wie groß ist der Rauminhalt des Rhomboeders?

5. Die Grundfläche einer geraden vierseitigen Pyramide ist ein Quadrat von $a = 5{,}96$ cm Seitenlänge, die Seitenflächen sind gleichseitige Dreiecke. Wie groß sind die Neigungswinkel der Seitenflächen gegen die Grundfläche und die Neigungswinkel je zweier Seitenflächen? — Die Grundfläche derselben Pyramide wird an den vier Ecken so abgestumpft, daß ein regelmäßiges Achteck übrig bleibt; wie groß ist der Rauminhalt derjenigen Pyramide, welche dieses Achteck zur Grundfläche und dieselbe Spitze hat wie die vierseitige Pyramide?

6. Bei einer regelmäßigen fünfseitigen Pyramide ist der Winkel, den jede Seitenkante mit einer Seite der Grundfläche bildet, $\alpha = 80^0$. Wie groß sind die Neigungswinkel, welche jede Seitenfläche mit der Grundfläche und je zwei Seitenflächen miteinander bilden? — Im Schrägbild ist der Radius des der Grundfläche umbeschriebenen Kreises gleich 2,5 cm anzunehmen.

7. Die Grundfläche einer Pyramide ist ein Rechteck mit den Seiten $a = 11{,}2$ cm und $b = 6{,}6$ cm, die Höhe hat die Länge $h = 14{,}5$ cm. Wie groß sind die Neigungswinkel, welche die Seitenflächen mit der Grundfläche und je zwei Seitenflächen miteinander bilden?

8. Die Grundfläche einer geraden Pyramide ist ein Rechteck mit den Seiten $a = 5{,}78$ cm und $b = 3{,}71$ cm, jede Seitenkante hat die Länge $c = 7{,}17$ cm. Wie groß sind die Neigungswinkel, welche je zwei benachbarte Seitenflächen miteinander und jede von ihnen mit der Grundfläche bildet?

9. Eine Pyramide hat als Grundfläche ein regelmäßiges Fünfeck, dessen Seiten $a = 4{,}32$ cm lang sind, jede Seitenkante hat die Länge $b = 7{,}87$ cm. Wie groß ist der Rauminhalt der Pyramide und welche Neigungsmittel bilden die Seitenflächen mit der Grundfläche und je zwei Seitenflächen miteinander?

10. Die Grundfläche einer geraden Pyramide ist ein regelmäßiges Sechseck von $a = 8$ cm Seitenlänge, die Höhe beträgt $h = 15$ cm. Wie groß ist der Rauminhalt der Pyramide und unter welchen Winkeln sind die Seitenflächen gegen die Grundfläche und je zwei Seitenflächen gegeneinander geneigt? — Das Schrägbild ist im Maßstabe 1 : 2 zu entwerfen.

11. Von einer geraden Pyramide mit quadratischer Grundfläche kennt man die Höhe $h = 10{,}21$ cm und den Neigungswinkel der Seitenkanten gegen die Grundfläche $\varphi = 60^0 26'$. Wie groß sind 1. der Rauminhalt der Pyramide, 2. die Neigungswinkel je zweier Seitenflächen und der Seitenflächen gegen die Grundfläche und 3. die Radien der umbeschriebenen und der einbeschriebenen Kugel?

12. Von einer regelmäßigen sechsseitigen Pyramide kennt man die Höhe $h = 10{,}57$ cm und den Neigungswinkel der Seitenflächen gegen die Grundfläche $\alpha = 73^0 40'$. Wie groß sind 1. der Rauminhalt der Pyramide, 2. die Neigungswinkel je zweier Seitenflächen und 3. die Radien der umbeschriebenen und der einbeschriebenen Kugel?

Sechster Teil: Sphärische Trigonometrie.

§ 1. Dreiecksberechnungen (O VII § 4).

I. Ein rechtwinkliges Dreieck ($\gamma = R$) zu berechnen aus:

1a. $c = 76^0\,34'\,54''$; $a = 38^0\,42'\,35''$	**1b.** $c = 107^0\,26'\,5''$; $a = 108^0\,12'\,15''$.
2a. $a = 140^0\,50'\,48''$; $\beta = 62^0\,55'\,11''$	**2b.** $a = 111^0\,5'\,24''$; $\beta = 118^0\,31'\,9''$.
3a. $\alpha = 56^0\,16'\,37''$; $\beta = 112^0\,42'\,17''$	**3b.** $\alpha = 111^0\,29'\,29''$; $\beta = 126^0\,35'\,45''$.
4a. $a = 26^0\,18'\,40''$; $b = 122^0\,44'\,27''$	**4b.** $a = 121^0\,10'\,12''$; $b = 57^0\,23'\,12''$.
5a. $c = 112^0\,56'\,43''$; $a = 52^0\,39'\,47''$	**5b.** $c = 76^0\,24'\,28''$; $a = 113^0\,42'\,43''$.
6a. $a = 144^0\,28'\,27''$; $\alpha = 125^0\,9'\,58''$	**6b.** $a = 63^0\,32'\,7''$; $\alpha = 69^0\,24'\,30''$.

II. Ein rechtseitiges oder Quadrantendreieck ($c = R$) zu berechnen aus:

7. $a = 75^0\,9'\,24''$; $b = 65^0\,53'\,17''$	**8.** $\alpha = 163^0\,21'\,47''$; $\beta = 51^0\,7'\,7''$.
9. $a = 45^0\,52'\,59''$; $\beta = 115^0\,16'\,53''$	**10.** $a = 55^0\,23'\,56''$; $\gamma = 96^0\,17'\,56''$.
11. $\alpha = 55^0\,44'\,12''$; $\gamma = 102^0\,21'\,4''$	**12.** $a = 117^0\,32'\,24''$; $\alpha = 124^0\,7^0\,38''$.

III. Ein allgemeines sphärisches Dreieck zu berechnen aus:

13a.	$a = 119^0\,42'$;	$b = 69^0\,49'\,55''$;	$c = 87^0\,27'\,32''$.
13b.	$a = 65^0\,21'\,6''$;	$b = 79^0\,17'\,2''$;	$c = 104^0\,2'$.
14a.	$\alpha = 33^0\,57'\,13''$;	$\beta = 55^0\,32'\,7''$;	$\gamma = 105^0\,57'$.
14b.	$\alpha = 82^0\,43'\,33''$;	$\beta = 126^0\,26'\,7''$;	$\gamma = 67^0\,13'\,50''$.
15a.	$b = 135^0\,45'\,48''$;	$c = 124^0\,19'$;	$\alpha = 78^0\,52'$.
15b.	$b = 86^0\,55'\,29''$;	$c = 71^0\,56'\,17''$;	$\alpha = 123^0\,14'$.
16a.	$a = 76^0\,15'$;	$\beta = 134^0\,9'\,56''$;	$\gamma = 34^0\,6'\,16''$.
16b.	$a = 101^0\,29'$;	$\beta = 126^0\,2'\,22''$;	$\gamma = 67^0\,12'\,14''$.
17a.	$a = 155^0\,6'\,23''$;	$b = 52^0\,8'\,44''$;	$\beta = 58^0\,23'$.
17b.	$a = 54^0\,29'\,17''$;	$b = 42^0\,7'\,55''$;	$\beta = 53^0\,50'$.
18a.	$a = 98^0\,17'$;	$\alpha = 86^0\,36'\,25''$;	$\beta = 115^0\,59'\,47''$.
18b.	$a = 130^0\,22'$;	$\alpha = 143^0\,47'\,17''$;	$\beta = 49^0\,58'\,51''$.

§ 2. Aufgaben aus der Stereometrie und Kristallographie (O VII § 4).

(Die auf rechtwinklige Dreiecke zurückführbaren Aufgaben sind mit R gekennzeichnet; l bedeutet leicht, m mittelschwer, s schwer und u umständlich. Zu allen Aufgaben ist das Schrägbild des Körpers zu zeichnen, desgl. auf Grund dieses Bildes die gesuchten Winkel in der wirklichen Größe. Die Zeichen l, m, s, u beziehen sich nur auf die Rechnung, nicht auf die Zeichnung.)

1. Die Flächenwinkel an den Kanten des regelmäßigen Tetraeders zu berechnen (R, l).

2. In einer regelmäßig-dreiseitigen Pyramide ist die Höhe doppelt so groß als die Höhe der Grundfläche. Die Flächenwinkel an den Grund- und Seitenkanten zu berechnen (*R*, *l*).

3. In einer regelmäßig-dreiseitigen Pyramide sind die Seitenkanten doppelt so lang als die Grundkanten. Die Flächenwinkel an den Grund- und Seitenkanten zu berechnen (*R*, *l*).

4. Die Flächenwinkel an den Kanten eines regelmäßigen Oktaeders zu berechnen (*R* *l*).

5. In einem Würfel ist eine dreiseitige Ecke dadurch entstanden, daß eine seiner oberen Ecken durch die Körperdiagonale und zwei Flächendiagonalen mit den nicht benachbarten Ecken der Grundfläche verbunden worden ist. Die Winkel dieser Ecke zu berechnen (*R*, *l*).

6. Der Zinnstein kristallisiert in quadratischen Säulen, die durch quadratische Pyramiden mit Flächenwinkeln von $121^0\ 35'$ an den Polkanten zugespitzt sind. Wie groß sind die ebenen Winkel zwischen den Polkanten und die Flächenwinkel zwischen den Säulen- und den Pyramidenflächen? (*R*, *l*).

7. Der Quarz kristallisiert in hexagonalen Säulen, die durch hexagonale Pyramiden mit Flächenwinkeln von $133^0\ 44'$ an den Polkanten zugespitzt sind. Wie groß sind die ebenen Winkel zwischen den Polkanten und die Flächenwinkel zwischen den Säulen- und den Pyramidenflächen? (*R*, *l*).

8. Ein gleichschenkliges Dreieck mit einem Winkel von 40^0 an der Spitze bildet die Grundfläche einer dreiseitigen Pyramide, deren Seitenflächen gegen die Grundfläche unter Winkeln von 60^0 geneigt sind. Die Winkel an den Seitenkanten zu berechnen (*R*, *m*).

9. Auf einer quadratischen Grundfläche steht eine Pyramide, deren Höhe mit einer Seitenkante zusammenfällt und doppelt so groß als die Grundkante ist. Die Flächenwinkel an den Grund- und Seitenkanten zu berechnen (*R*, *m*).

10. Auf einer quadratischen Grundfläche steht eine Pyramide, deren Höhe eine Grundkante in der Mitte trifft und den Grundkanten an Länge gleich ist. Die Flächenwinkel an den Seiten- und Grundkanten zu berechenen (*R*, *m*).

11. Auf einem gleichseitigen Dreieck als Grundfläche steht eine Pyramide, bei der die Höhe mit einer Seitenkante zusammenfällt. Die Flächenwinkel an den Kanten zu berechnen, wenn a) die Höhe den Grundkanten gleich ist, b) die der Höhe gegenüberliegende Seitenfläche unter 60^0 gegen die Grundfläche geneigt ist (*R*, *m*).

12. Wie groß sind die ebenen und die Flächenwinkel beim Rhombendodekaeder? (*R*, *m*; das Rhombendodekaeder kann als besondere Form des Pyramidenwürfels gezeichnet werden.)

13. Wie groß sind die Flächenwinkel an den Kanten eines Pyramidenwürfels (Flußspat, Gold), bei dem das Parameterverhältnis a) $1 : \frac{3}{2} : \infty$, b) $1 : 2 : \infty$, c) $1 : 3 : \infty$ ist? (*R*, *m*).

14. Wie groß sind die Höhen der Pyramiden eines Pyramidenwürfels im Verhältnis zur Würfelkante, wenn alle Flächenwinkel gleich groß sind? (*R*, *m*; es empfiehlt sich, die Höhe zunächst gleich $x \,.\, a$ zu setzen und x zu bestimmen.)

15. Welche Flächenwinkel an den Kanten hat das regelmäßige Pentagondodekaeder? (*R*, *l*; das Pentagondodekaeder kann als Halbflächner des Pyramidenwürfels gezeichnet werden).

16. Ein Pentagondodekaeder des Pyrits hat das Parameterverhältnis $1:2:\infty$. Wie groß sind die Winkel der symmetrischen Fünfecke und die Flächenwinkel an den Kanten? (R, s, u).

17. Das Grundrhomboeder des Kalkspats hat Flächenwinkel von $105^0\,5'$ an den Polkanten. Wie groß sind die ebenen Winkel der Rhomben und die Flächenwinkel an den Randkanten (R, m).

18. In einem Pyramidenoktaeder (Diamant, Bleiglanz) ist das Parameterverhältnis a) $1:1:2$, b) $1:1:3$. Wie groß sind die Flächenwinkel an den Seitenkanten der Pyramiden? (R, s).

19. Apophyllit kristallisiert quadratisch in spitzen Pyramiden mit Flächenwinkeln von $104^0\,3'$ in den Polkanten, abgestumpft in den Grundecken durch eine quadratische Säule (zweiter Ordnung). Wie groß sind die ebenen Winkel zwischen den Polkanten und die Flächenwinkel zwischen den Pyramiden- und den Säulenflächen? R s, u).

20. Ein gleichschenklig-rechtwinkliges Dreieck bildet die Grundfläche einer dreiseitigen Pyramide, deren Seitenkanten gleich lang sind. Die beiden Seitenflächen der Pyramide, die zu den Schenkeln des Dreiecks gehören, bilden mit ihm Winkel von 60^0. Wie groß sind die Winkel der dritten Seitenfläche? (m).

20a. Die Grundfläche einer Pyramide ist ein rechtwinkliges Dreieck, bei dem sich eine der beiden Katheten zur Hypotenuse wie $4:7$ verhält. Die an diese Kathete anstoßende Seitenfläche ist ein gleichschenkliges Dreieck, dessen Schenkel sich zu der die Grundlinie bildenden Kathete wie $3:4$ verhalten und das sich unter einem Flächenwinkel von 53^0 erhebt. Wie groß sind die Flächenwinkel an den Seitenkanten der Pyramide? (m).

20b. Die Grundfläche einer Pyramide ist ein gleichseitiges Dreieck. Eine der Seitenflächen ist ein gleichschenkliges Dreieck, dessen Grundlinie von der Grundkante gebildet wird und bei dem sich die Höhe zur Grundlinie wie $5:4$ verhält; diese Seitenfläche erhebt sich unter einem Flächenwinkel von 65^0. Wie groß sind die Flächenwinkel an den Seitenkanten? (m).

20c. Die Grundfläche einer Pyramide ist ein gleichseitiges Dreieck, eine ihrer Seitenflächen ein gleichschenklig-rechtwinkliges Dreieck, bei dem ein Schenkel mit der Grundkante zusammenfällt und das sich unter einem Flächenwinkel von 30^0 erhebt. Die Flächenwinkel an den Seitenkanten zu berechnen. (m).

21. Über einem Dreieck, dessen Winkel sich wie $2:3:4$ verhalten und bei dem der Halbmesser des umbeschriebenen Kreises 3,2 cm beträgt, erhebt sich eine gerade Pyramide mit 6 cm langen Seitenkanten. Wie groß ist der Flächenwinkel an der a) kürzesten, b) längsten Grundkante? (m).

22. Auf einem gleichschenkligen Dreieck, in dem sich die Schenkel zur Grundlinie wie $3:2$ verhalten, steht eine Pyramide, deren Seitenflächen sich an den Schenkeln unter Winkeln von 48^0, an der Grundlinie unter einem Winkel von 72^0 erheben. Welche Flächenwinkel hat diese Pyramide an den Seitenkanten? (m).

23. Auf einem gleichseitigen Dreieck, dessen Seiten je 5 cm lang sind, steht eine dreiseitige Pyramide, von deren Seitenkanten eine 10 cm, die beiden anderen je 8 cm lang sind. Wie groß sind die Flächenwinkel a) an den Grundkanten, b) an den Seitenkanten? (m).

24. In einem geraden, regelmäßig-dreiseitigen Prisma, bei dem die Seitenkanten den Grundkanten gleich sind, schneidet eine Ebene eine der Seitenflächen in einer Diagonale und geht durch die Mitte der gegenüberliegenden Seitenkante. Unter welchem Winkel ist die Schnittebene gegen jene Seitenfläche geneigt? (m, u).

25. In einem regelmäßigen Tetraeder geht eine Ebene durch eine Grundecke und schneidet von den gegenüberliegenden Seitenkanten $\frac{1}{3}$ bzw. die Hälfte von oben aus ab. Unter welchem Winkel ist die Schnittebene gegen die jener Grundecke gegenüberliegende Seitenfläche geneigt? (s, u).

§ 3. Aufgaben aus der mathematischen Erdkunde (O VII §§ 11, 12).

(Die geographische Breite eines Ortes ist mit φ, die geographische Länge östlich von Greenwich mit λ und die Längendifferenz zweier Orte mit $\Delta\lambda$ bezeichnet. Der Radius der Erdkugel beträgt $r = 6370{,}26$ km*); 1 Seemeile (sm) $= 1{,}852$ km. — Die Aufgaben 1 bis 6 führen auf eine rechtwinklige oder auf eine gleichschenklige körperliche Ecke, die übrigen Aufgaben auf eine allgemeine körperliche Ecke.)

1. Berlin liegt unter $\varphi_1 = 52^0\,30'\,17''$ und Baltimore unter $\varphi_2 = 39^0\,17'\,21''$ nördlicher Breite, die Längendifferenz zwischen beiden Orten beträgt (fast genau) 90^0. Wie groß ist die kürzeste Entfernung beider Orte auf der Erdoberfläche?

2. Ein Schiff fährt von St. Johns auf Neufundland ($\varphi_0 = 47^0\,34'\,10''$ und $\lambda_0 = 307^0\,19'\,14''$) mit genau nach Osten gerichtetem Anfangskurse auf dem kürzesten Wege nach einem um 3600 km entfernten Orte. Unter welcher geographischen Breite und Länge liegt dieser Ort? (In der Nähe welcher Stadt befindet sich das Schiff am Ende der Fahrt?)

3. Ein Schiff fährt von S. Franzisko ($\varphi_0 = 37^0\,47'\,29''$; $\lambda_0 = 237^0\,34'$) ab und schlägt einen genau nach Westen gerichteten Anfangskurs ein. Unter welcher Breite erreicht es bei kürzester Fahrt die Linie des Datumwechsels (den 180sten Meridian) und wie viel Kilometer hat es bis dahin zurückgelegt?

4a. Chikago und Rom haben nahezu dieselbe geographische Breite, nämlich $\varphi = 41^0\,52'$; die geographische Länge von Chikago beträgt $\lambda_1 = 272^0\,23'$, die von Rom $\lambda_2 = 12^0\,28'\,45''$. Wie groß ist die kürzeste Entfernung beider Orte auf der Erdoberfläche und um wieviel Kilometer ist der diese Orte verbindende Breitenkreisbogen länger als die kürzeste Entfernung?

4b. Dieselbe Aufgabe für Breslau und Dover:
$\varphi = 51^0\,7'$; $\lambda_1 = 17^0\,2'\,14''$; $\lambda_2 = 1^0\,19'\,40''$.

4c. Desgl. für Stettin und Liverpool:
$\varphi = 53^0\,25'$; $\lambda_1 = 14^0\,34'\,45''$; $\lambda_2 = 356^0\,59'\,24''$.

4d. Desgl. für Moskau und Kopenhagen:
$\varphi = 55^0\,43'$; $\lambda_1 = 37^0\,34'\,18''$; $\lambda_2 = 12^0\,34'\,42''$.

4e. Desgl. für Shanghai und Alexandria:
$\varphi = 31^0\,13'$; $\lambda_1 = 121^0\,28',9$; $\lambda_2 = 29^0\,51',7$.

4f. Desgl. für Peking und Philadelphia:
$\varphi = 39^0\,56'$; $\lambda_1 = 116^0\,28',2$; $\lambda_2 = 284^0\,50',4$.

*) Nach Martus, Astronomische Erdkunde.

5a. Ein Schiff fährt von Lissabon ($\varphi = 38^0\,42,;\ \lambda_1 = 350^0\,48'\,40''$) auf kürzestem Wege nach einem unter derselben Breite an der Ostküste der Vereinigten Staaten (am Eingange der Deleware-Bai) liegenden Orte, der die geographische Länge $\lambda_2 = 285^0$ besitzt. Unter welchem Kurs muß das Schiff von Lissabon abfahren, einen wieviel Kilometer langen Weg hat es zurückzulegen und um wieviel Kilometer ist dieser Weg kürzer, als wenn das Schiff den Breitenkreis entlang fahren würde?

5b. Dieselbe Aufgabe für Adelaide und das Kap der Guten Hoffnung: $\varphi = 34^0\,52'$ südlich; $\lambda = 138^0\,29'$; $\lambda_2 = 18^0\,27'\,30''$.

6a. Ein an der Ostküste von Japan liegendes Schiff befindet sich unter der geographischen Länge $\lambda_1 = 141^0$ und unter der geographischen Breite $\varphi = 37^0\,47'\,38''$. Es will auf kürzestem Wege nach S. Franzisko gelangen, das unter derselben Breite liegt und dessen Länge $\lambda_2 = 237^0\,36'\,23''$ beträgt. Wie lang ist dieser kürzeste Weg, welche Länge hat der Bogen des die beiden Orte verbindenden Breitenkreises, und wieviel Grad liegt der nördlichste Punkt des kürzesten Weges von diesem Breitenkreise entfernt?

6b. Ein an der Küste von Chile südlich von Valparaiso liegendes Schiff befindet sich unter 288^0 geographischer Länge und unter derselben Breite wie Sydney, nämlich $\varphi = 33^0\,51'\,41''$ südlich. Es will auf kürzestem Wege nach Sydney fahren, dessen Länge $151^0\,12'\,53''$ beträgt. Wie lang ist dieser kürzeste Weg, welche Länge hat der die beiden Orte verbindende Breitenkreisbogen, und wieviel Grad liegt der südlichste Punkt des kürzesten Weges von diesem Breitenkreise entfernt?

6c. Das Schiff einer Nordpolexpedition ist aus der Bering-Straße in die Nähe der Wrangel-Insel gelangt und befindet sich dort unter derselben Breite wie Hammerfest, nämlich unter $\varphi = 70^0\,40',1$ und unter der geographischen Länge $\lambda_1 = 178^0\,30'$. Es will auf kürzestem Wege nach Hammerfest fahren, dessen Länge $\lambda_2 = 23^0\,40',2$ ist. Wie lang ist dieser kürzeste Weg, welche Länge hat der die beiden Orte verbindende Breitenkreisbogen und um wieviel Grad ist der nördlichste Punkt des kürzesten Weges vom Nordpole entfernt?

7. Wie groß ist die kürzeste Entfernung auf der Erdoberfläche

a) zwischen Moskau ($\varphi_1 = 55^0\,45'\,20''$; $\lambda_1 = 37^0\,34'\,18''$) und Paris ($\varphi_2 = 48^0\,50'\,11''$; $\lambda_2 = 2^0\,20'\,15''$)?

b) zwischen Stettin ($\varphi_1 = 53^0\,26'\,21''$; $\lambda_1 = 14^0\,34'\,45''$) und Gibraltar ($\varphi_2 = 36^0\,6'\,45''$; $\lambda_2 = -5^0\,20'\,52''$)?

c) zwischen Astrachan ($\varphi_1 = 46^0\,21'$; $\lambda_1 = 48^0\,2',4$) und Lissabon (φ_2 $38^0\,42',5$; $\lambda_2 = -9^0\,11',2$)?

d) zwischen Aachen ($\varphi_1 = 50^0\,46'\,40''$; $\lambda_1 = 6^0\,5'\,15''$) und Königsberg O. Pr. ($\varphi_2 = 54^0\,42'\,51''$; $\lambda_2 = 20^0\,29'\,47''$)?

e) zwischen Straßburg i. E. ($\varphi_1 = 48^0\,35'\,0''$; $\lambda_1 = 7^0\,46'\,10''$) und Danzig ($\varphi_2 = 54^0\,21'\,18''$; $\lambda_2 = 18^0\,39'\,54''$)?

f) zwischen Valparaiso ($\varphi_1 = -33^0\,1'\,50''$; $\lambda_1 = 288^0\,21'\,30''$) und Tsingtau ($\varphi_2 = 36^0\,3'\,59''$; $\lambda_2 = 120^0\,18'\,18''$)?

8. Ein Dampfer fährt auf kürzestem Wege von Havana auf Kuba ($\varphi_1 = 23^0\,8',8$; $\lambda_1 = 277^0\,39'$) nach Lissabon ($\varphi_2 = 38^0\,42',5$; $\lambda_2 = 350^0\,50'$). Wieviel Kilometer hat er zurückzulegen und wie lange dauerte die Fahrt, wenn die durchschnittliche Geschwindigkeit des Dampfers 18 sm in der Stunde beträgt?

9. Ein Dampfer legt den kürzesten Weg von Sydney ($\varphi_1 = -33^0 51',7$; $\lambda_1 = 151^0 12',6$) nach Honolulo ($\varphi_2 = 21^0 18',2$; $\lambda_2 = 202^0 9' 6$) in $250\frac{1}{2}$ Stunden zurück. Mit welcher durchschnittlichen Geschwindigkeit (sm pro Stunde) lief der Dampfer?

10. Ein Dampfer fährt vom Kap der Guten Hoffnung ($\varphi_0 = -34^0 9'$ $\lambda_0 = 18^0 30'$) unter dem Kurse S $84^0,6$ W ab und hält den Kurs stets auf dem größten Kugelkreise. Wo (d. h. unter welcher Breite und Länge und in der Nähe welcher Stadt) war er angekommen, nachdem er einen Weg von $a =$ 6061 km zurückgelegt hatte?

11. Die geographische Breite von Paris ist $\varphi_1 = 48^0 50' 11''$, die von Petersburg $\varphi_2 = 59^0 56'$. Die mittleren Ortszeiten beider Städte zeigen einen Unterschied von $1^h\, 51^m\, 53^s$. Wieviel Kilometer sind beide Orte von einander entfernt?

12. Die kürzeste Entfernung zwischen Hamburg und Lissabon beträgt $a =$ 1380 km; die geographische Breite von Hamburg ist $\varphi_1 = 53^0 33' 7''$, die von Lissabon $\varphi_2 = 49^0 50'$. Wie groß ist der Unterschied der mittleren Ortszeiten beider Städte?

13a. Ein bei Bergen ($\varphi_1 = 60^0 23' 50''$; $\lambda_1 = 5^0 21' 15''$) liegender Dampfer fährt auf kürzestem Wege nach St. Johns auf Neufundland ($\varphi_2 = 47^0 34' 10''$; $\lambda_2 = 307^0 19' 14''$). I. Welche Entfernung hat er zurückzulegen? II. Unter welchem Kurse fuhr er ab und unter welchem kam er an?

13b. Dieselbe Aufgabe für S. Franzisko ($\varphi_1 = 37^0 47' 29''$; $\lambda_1 = 237^0 34'$) und Honolulu ($\varphi_2 = 21^0 18' 21''$; $\lambda_2 = 202^0 9'$).

14a. Ein bei Vancouver ($\varphi_1 = 48^0,5$; $\lambda_1 = 235^0$) liegender Dampfer will auf kürzestem Wege nach Yokohama ($\varphi_2 = 35^0 26',5$; $\lambda_2 = 139^0 39'$) fahren. I. Welches war die größte nördliche Breite, die der Dampfer auf seiner Fahrt erreichte, und unter welcher Länge gelangte er in diese Breite? II. Unter welchem Breitengrade überschritt der Dampfer irgendeinen, z. B. den 180sten Meridian?

14b. Ein Dampfer fährt auf kürzestem Wege von Valparaiso ($\varphi_1 = 33^0 2'$ südl.; $\lambda_1 = 288^0 26'$) nach Apia ($\varphi_2 = 13^0 50'$ südl.; $\lambda_2 = 188^0 20'$). I. Unter welcher Breite und Länge liegt der südlichste Punkt, den der Dampfer auf seiner Fahrt erreicht? II. Unter welcher Länge fährt der Dampfer über den südlichen Wendekreis?

15. Ein Dampfer fährt auf kürzestem Wege von Daressalam ($\varphi_1 = 6^0 47'$ südl.; $\lambda_1 = 39^0 17'$) nach Bombay ($\varphi_2 = 18^0 54'$; $\lambda_2 = 72^0 48'$) und braucht dazu 5 Tage $12\frac{1}{5}$ Stunden. I. Wie groß war seine durchschnittliche Geschwindigkeit? II. Nach wievielstündiger Fahrt und unter welchem Längengrade erreichte er den Äquator?

16. Ein Dampfer fährt auf kürzestem Wege von Brisbane ($\varphi_1 = 27^0 28'$ südl.; $\lambda_1 = 153^0 1',5$) nach S. Franzisko ($\varphi_2 = 37^0 47'$; $\lambda_2 = 237^0 34'$) mit einer durchschnittlichen Geschwindigkeit von $19\frac{1}{2}$ sm pro Stunde. I. Wieviel Tage und Stunden ist der Dampfer unterwegs? II. Wieviel Kilometer legt er zurück, bis er den Äquator erreicht? III. In welcher Länge und unter welchem Winkel durchschneidet der Weg des Dampfers den Äquator?

§ 4. Aufgaben aus der mathematischen Himmelskunde (O VII §§ 13—17).

[Die Aufgaben 1 bis 10 und 22 bis 26 lassen sich zum Teil mit Benutzung der Formeln für das rechtwinklige sphärische Dreieck lösen. Doch gestaltet sich die Lösung einfacher, wenn man auch hier wie in den anderen Aufgaben die Grundformeln für das allgemeine nautische Dreieck Pol-Zenit-Stern zugrunde legt. — In den Aufgaben, in denen die atmosphärische Strahlenbrechung am Horizont zu berücksichtigen ist, bedeutet $\beta = 34' 54''$, 1 den Winkel der atmosphärischen Strahlenbrechung und ϱ den scheinbaren Radius der Sonnenscheibe.]

1a. Um wie viel Uhr (nach wahrer, mittlerer und mitteleuropäischer Zeit) und an welcher Stelle des Horizonts ging am 15. Mai 09 in Berlin die Sonne auf und unter? I. ohne, II. mit Berücksichtigung der atmosphärischen Strahlenbrechung. [$\varphi = 52^0 30' 16''$; $\lambda = 13^0 23' 44''$; $\delta = +18^0 46' 16''$; Zeitgl. $g = 3^m 50^s$.]

1b. Dieselbe Aufgabe für Berlin, d. 2. Dezember 09. [$\delta = -21^0 54' 34''$; $g = -10^m 39^s$.]

2a. In Berlin ($\varphi = 52^0 30' 16''$) ging am 15. Mai 09 die Sonne um $4^h 6^m 27^s$ M. Z. auf und um $7^h 45^m 53^s$ M. Z. unter [vgl. Aufg. 1a)]; wann ging sie an diesem Tage in Paris ($\varphi' = 48^0 50' 11''$) auf und unter?

2b. In Berlin ($\varphi = 52^0 30' 16''$) ging am 2. Dezember 09 die Sonne um $7^h 51^m$ M. Z. auf und um $3^h 47^m 42^s$ M. Z. unter [vgl. Aufg. 1b)]; wann ging sie an diesem Tage in Wien ($\varphi' = 48^0 13' 55''$) auf und unter?

3a. Wann (nach M.E.Z.) stand in Halle a. S. ($\varphi = 51^0 29' 38''$; $\lambda = 11^0 57' 45''$) am 21. August 09 die Sonne genau im Westen, welche Höhe hatte sie zu dieser Zeit und in welcher Höhe kulminierte die Sonne an diesem Tage? — Die Deklination der Sonne betrug $\delta = +12^0 16' 6''$, die Zeitgleichung $g = +3^m 8^s$.

3b. Wann (nach M. E. Z.) stand in Mainz ($\varphi = 49^0 59' 44''$; $\lambda = 8^0 16' 30''$) am 30. Juni 10 die Sonne genau im Osten, welche Höhe hatte sie zu dieser Zeit und welche Höhe erreichte sie am wahren Mittage dieses Tages? — Die Deklination der Sonne betrug $\delta = +23^0 13' 26''$, die Zeitgleichung $g = +3^m 15^s$.

4. In welcher Höhe und in welcher Himmelsrichtung steht die Sonne in Köln ($\varphi = 50^0 56' 33''$; $\lambda = 6^0 57' 30''$) zur Zeit der Tag- und Nachtgleichen um 10^h M.E.Z., wenn die Zeitgleichung am Tage der Frühlings-Tag- und Nachtgleiche $= +7^m 28^s$, am Tage der Herbst- Tag- und Nachtgleiche $= -7^m 28^s$ ist?

5. Wenn keine atmosphärische Strahlenbrechung am Horizont stattfände, würde die Sonne zur Zeit der Tag- und Nachtgleichen überall genau im Ostpunkte auf- und im Westpunkte untergehen und Tag und Nacht würden von gleich langer Dauer sein. Welchen Einfluß übt die Strahlenbrechung auf die Tag- und Nachtlänge und auf den Ort des Sonnenauf- und Unterganges unter dem 70. Breitengrade aus?

6. Am Tage der Frühlings- Tag- und Nachtgleiche, an welchem die Zeitgleichung $= +7^m 27^s$ beträgt, bestimmte man in Königsberg O. Pr. ($\varphi = 54^0 42' 50''$ $\lambda = 20^0 29' 47''$) gegen 3 Uhr nachmittags die Höhe der Sonne $h =$

$24^0\,7'$. In welcher Himmelsrichtung stand die Sonne und welches war die genaue mitteleuropäische Zeit der Beobachtung?

7. Wielange dauern in Petersburg (φ $59^0\,56'$) die längsten und kürzesten Tage und Nächte, an welcher Stelle des Horizonts geht an diesen Tagen die Sonne auf und unter, und welchen Einfluß übt die Strahlenbrechung am Horizont auf die Tag- und Nachtlänge sowie auf den Ort des Sonnenauf- und unterganges aus? ($\delta \pm 23^0\,27'$).

8. Unter welchem Breitengrade ging die Sonne am 18. April 10 um 7^h M.Z. unter und wie groß war an diesem Tage ihre Abendweite? I. ohne, II. mit Berücksichtigung der Strahlenbrechung ($\delta = +10^0\,42'\,12''$; Zeitgleichung $g = -0^m\,35^s$).

9. Auf der Breslauer Sternwarte beobachtete man die Durchgänge des Zirkumpolarsternes α Ursae maioris, dessen Deklination $\delta = 62^0\,17'\,,4$ ist, in demselben Azimut; der eine Durchgang erfolgte in der Höhe $h_1 = 69^0\,54'$, der andere in der Höhe $h_2 = 50^0\,8'\,50''$. Wie groß ergibt sich hieraus die geographische Breite der Breslauer Sternwarte und bei welchem Azimut fanden die Beobachtungen statt?

10. Auf der Kieler Sternwarte ($\varphi = 54^0\,20'\,29''$) beobachtete man die beiden Durchgänge des Zirkumpolarsternes γ Cassiopeiae, dessen Deklination $\delta = 60^0\,13',4$ ist, in demselben Azimut. Der untere Durchgang erfolgte in der Höhe $h_2 = 53^0\,5'$; in welcher Höhe h_1 fand der obere Durchgang statt?

11. Auf der Sternwarte in Kopenhagen beobachtete man im März die Durchgänge des Arktur durch dieselbe Höhenparallele $h = 37^0\,42'$, die in den Azimuten $a_1 = 292^0\,13'\,39''$ und $a_2 = 67^0\,46'\,21''$ erfolgten. Welche geographische Breite ergibt sich hieraus für den Beobachtungsort?

12. Wann (nach M. E. Z.) fand in Hannover ($\varphi = 52^0\,22'\,52''$ $\lambda = 9^0\,43'\,0''$) am 1. März 10 die Sonne genau in Südost, welche Höhe hat sie zu dieser Zeit und wie hoch stand sie am wahren Mittage dieses Tages? ($\delta = -7^0\,49'\,15''$; Zeitgl. $g = +12^m\,38^s$).

13. Am 2. Mai 10 war die Deklination der Sonne $\delta = +15^0\,11'$ und die Zeitgleichung $g = -3^m\,2^s$. Mittelst eines Theodoliten bestimmte man um $8^h\,46^m\,15^s$ M. E. Z. vormittags die Höhe der Sonne $h = 34^0\,17'\,36''$ und ihr Azimut $a = 287^0\,5'\,21''$. Welches ist die geographische Breite und Länge des Beobachtungsortes?

14a. Wie hoch und in welcher Himmelsrichtung stand in Danzig ($\varphi = 54^0\,21'\,18''$; $\lambda = 18^0\,39'\,54''$) die Sonne am 15. Mai 10 um 4^h nachmittags M. E. Z., und welche Höhe erreichte sie an diesem Tage zur wahren Mittagszeit? $\delta = +18^0\,42'\,41''$; Zeitgl. $g = -3^m\,49^s$.]

14b. Wie hoch und in welcher Himmelsrichtung stand in Düsseldorf ($\varphi = 51^0\,12'\,25''$; $\lambda = 6^0\,46'\,15''$) die Sonne am 27. Januar 10 um $9\frac{1}{2}$ Uhr vormittags M. E. Z., und in welcher Höhe kulminierte sie an diesem Tage? [$\delta = -18^0\,36'\,52''$; Zeitgl. $g = +12^m\,49^s$.]

15a. Einen wie langen Schatten werfen auf horizontaler Ebene am 15. Mai um $10^h\,35^m$ M. E. Z. die $k = 156$ m hohen Türme des Kölner Doms $\varphi = 50^0\,56'\,33''$; $\lambda = 6^0\,57'30''$), wenn die Deklination der Sonne an diesem Tage $\delta = +18^0\,46'\,31''$ und die Zeitgleichung $g = -3^m\,50^s$ ist?

15b. Der Turm des Straßburger Münsters ($\varphi = 48^0\,35'$; $\lambda = 7^0\,46'\,10''$) warf am 27. Juli 09 um $1^h\,50^m$ M. E. Z. auf horizontaler Ebene einen Schatten von $l = 91{,}93$ m Länge. Wie hoch ist der Turm, wenn die Deklination der Sonne an diesem Tage $\delta = +19^\circ 19' 13''$ und die Zeitgleichung $g = +6^m 18^s$ war?

16. Auf einem Dampfer, dessen Chronometer Hamburger Zeit angibt, beobachtete man am 1. August 09 nachmittags in der nördlichen Breite $\varphi = 32^\circ 41',5$ die Höhe der Sonne $h = 39^\circ 11'$; die Deklination der Sonne an diesem Tage war $\delta = +18^\circ 7' 9''$ und die Zeitgleichung $g = +6^m 9^s$. In welcher geographischen Länge befand sich das Schiff, wenn das Chronometer $1^h 56^m 53^s$ zeigte und die geographische Länge von Hamburg $9^\circ 58',5$ beträgt?

17. Auf einem westlich von Hamburg fahrenden Schiffe wurde am 20. Oktober 09 vormittags die Höhe der Sonne $h = 17^\circ 43'$ und ihr Azimut $a = 295^\circ 6'$ gemessen; die Deklination der Sonne war an diesem Tage $\delta = -10^\circ 16' 43''$, die Zeitgleichung $g = -15^m 6^s$. Wann (nach mittlerer Zeit) fand die Beobachtung statt und wo befand sich das Schiff, wenn das Schiffschronometer $0^h 39^m 48^s$ Hamburger Zeit anzeigte und die geographische Länge von Hamburg $9^\circ 58',5$ ist.

18. Wann ging nach M. E. Z. und mit Berücksichtigung der Strahlenbrechung in Bromberg ($\varphi = 53^\circ 7'$; $\lambda = 18^\circ$) am 1. November 09 die Sonne unter und wie lange dauerte der Durchgang der Sonnenscheibe durch den Horizont? [Die Deklination der Sonne war an diesem Tage $\delta = -14^\circ 18' 21''$, die Zeitgl. $g = -16^m 19^s$ und der scheinbare Radius der Sonnenscheibe $\varrho = 16' 9''$.]

19. Wie lange dauert in Drontheim ($\varphi = 63^\circ 25' 48''$) der kürzeste Tag, vom Erscheinen des ersten, vom oberen Rande der Sonne ausgehenden Strahles bis zum Verschwinden des letzten Sonnenstrahles gerechnet, und um wieviel wird die Dauer des kürzesten Tages durch die Strahlenbrechung verlängert? [Die Deklination der Sonne beträgt am kürzesten Tage $\delta = -23^\circ 27' 8''$ und der scheinbare Radius der Sonnenscheibe ist $\varrho = 16' 17''$.]

20. Unter welchem Breitengrade befindet sich am längsten Tage, an welchem die Deklination der Sonne $\delta = +23^\circ 27',2$ ist, der Mittelpunkt der Sonnenscheibe bei Berücksichtigung der Strahlenbrechung um Mitternacht gerade im Horizont, und um wieviel wird die Dauer des Tages durch die Strahlenbrechung verlängert?

[Für die Aufgaben Nr. 21 bis 23 ist zu beachten, daß die bürgerliche Abenddämmerung solange dauert, bis die Sonne $d_1 = 6\frac{1}{2}{}^\circ$, die astronomische Dämmerung hingegen solange, bis die Sonne $d_2 = 18^\circ$ unter den Horizont herabgesunken ist. Als Anfang beider Dämmerungszeiten gilt der Augenblick, in welchem beim Untergange der Sonne der letzte Sonnenstrahl verschwindet.

Zur Beantwortung der in den Aufgaben Nr. 24 bis 26 gestellten Fragen bedarf man einer Tafel, in der die Deklination der Sonne für die einzelnen Tage des Jahres angegeben ist.]

21a. Wann begann nach mittlerer Zeit in Bonn ($\varphi = 50^\circ 43' 44''$) am 5. Mai 10 die Abenddämmerung und wielange dauerte I. die bürgerliche, II. die astronomische Dämmerung, wenn an diesem Tage die Deklination der

Sonne $\delta = +16^0\,4'\,22''$, die Zeitgleichung $g = -3^m\,22^s$ und der scheinbare Radius der Sonnenscheibe $\varrho = 15'\,53''$ war?

21b. Wann begann nach mittlerer Zeit in Bergen ($\varphi = 60^0\,23'\,54''$) am 5. November 09 die Abenddämmerung und wie lange dauerte I. die bürgerliche, II. die astronomische Dämmerung, wenn an diesem Tage die Deklination der Sonne $\delta = -15^0\,34'\,26''$, die Zeitgleichung $g = -16^m\,20^s$ und der scheinbare Radius der Sonnenscheibe $\varrho = 16'\,10''$ war?

22. Wielange dauert für einen Ort auf dem Äquator am längsten Tage, an welchem die Deklination der Sonne $\delta = +23^0\,27',2$ und der scheinbare Radius der Sonnenscheibe $\varrho = 15'\,45'',8$ ist, I. die bürgerliche und II. die astronomische Dämmerung?

23. Unter welchem Breitengrade dauert die bürgerliche Abenddämmerung am längsten Tage, an welchem die Deklination der Sonne $\delta = +23^0\,27',2$ ist, bis Mitternacht?

24. Von wann bis wann dauert in Liegnitz ($\varphi = 51^0\,12'\,37''$) die astronomische Dämmerung die ganze Nacht hindurch?

25. Wie lange dauert in Hammerfest, der nördlichsten Stadt der Erde ($\varphi = 70^0\,39'\,15''$), der Polartag?

26a. Die Magdalenenbucht auf Spitzbergen liegt unter $79^0\,33',8$ nördlicher Breite. Von wann ab und bis wann geht daselbst der Mittelpunkt der Sonne nicht unter, und wie hoch steht die Sonne noch über dem Horizont, wenn sie am Tage der Sommersonnenwende ($\delta = +23^0\,27'$) ihren tiefsten Standpunkt erreicht?

26b. Die Magdalenenbucht auf Spitzbergen liegt unter $79^0\,33',8$ nördlicher Breite. Wann beginnt und wann endet daselbst die Polarnacht? Wird es daselbst mitten im Winter, wenn die Deklination der Sonne $\delta' = -23^0\,27'$ beträgt, selbst zur Mittagszeit völlig dunkel?

27.*) Wann (nach M. E. Z.) und in welcher Höhe kulminierte der Arktur, dessen Deklination $\delta = +19^0\,39'$ und dessen Rektaszension $\alpha = 14^h\,11^m\,33^s$ ist, am 1. März 09 in Stuttgart ($\varphi = 48^0\,46'\,36''$; $\lambda = 9^0\,10'\,43''$), wenn die Rektaszension der Sonne an diesem Tage $\alpha_1 = 22^h\,47^m\,6^s$, und die Zeitgleichung $g = +12^m\,37^s$ betrug?

28a. Wann nach (M. E. Z.) und an welcher Stelle des Horizonts ging die Venus am 10. Dezember 09 in Cassel ($\varphi = 51^0\,18'\,58''$; $\lambda = 9^0\,23'\,54''$) unter, wenn ihre Rektaszension an diesem Tage $\alpha = 20^h\,31^m\,10^s$ und die Deklination $\delta = -21^0\,22',6$ betrug? — Die Sonne hatte Mittags die Rektaszension $\alpha_1 = 17^h\,6^m\,54^s$, und die Zeitgleichung war $g = -7^m\,18^s$.

28b. Wann (nach M. E. Z.) und an welcher Stelle des Horizonts ging die Venus am 18. März 10 in Leipzig ($\varphi = 51^0\,20'\,6''$; $\lambda = 12^0\,23'\,30''$) auf, wenn ihre Rektaszension an diesem Tage $\alpha = 21^h\,16^m\,56^s$ und die Dekli-

*) Bei der Lösung der Aufgaben 27 bis 30 ist zu beachten, daß man Sternzeit in wahre Sonnenzeit verwandelt, indem man sie mit 0,99727 oder mit (1—0,00273) multipliziert; umgekehrt hat man die wahre Sonnenzeit mit 1,002738 oder mit 1 + 0,002738 zu multiplizieren, um sie in Sternzeit zu verwandeln.

nation $\delta = -10^0\,33'\,55''$ betrug? — Die Sonne hatte mittags die Rektaszension $\alpha_1 = 23^h\,48^m\,54^s$, und die Zeitgleichung war $g = +8^m\,23^s$.

29. Wann (nach M. E. Z.) und wo ging am 22. Mai 09 in Danzig ($\varphi = 54^0\,21'\,18''$; $\lambda = 18^0\,39'\,54''$) der Jupiter unter, und in welcher Höhe sowie in welcher Himmelsrichtung stand er um $10\frac{1}{2}$ Uhr M. E. Z. abends? — Die Deklination des Jupiter war an diesem Tage $\delta = +10^0\,46',2$, seine Rektaszension $\alpha = 10^h\,29^m\,54^s$, die Rektaszension der Sonne $\alpha_1 = 3^h\,54^m\,7^s$ und die Zeitgleichung $g = -3^m\,34^s$.

30. Der Rigel (β Orionis) hat die Deklinaton $\delta = -8^0\,18'\,20''$ und die Rektaszension $\alpha = 5^h\,10^m\,13^s$. Wann (nach M. E. Z.) kulminierte er in Erfurt ($\varphi = 50^0\,58'\,49''$; $\lambda = 11^0\,2'\,30''$) am 2. Dezember 09 und in welcher Höhe sowie in welcher Himmelsrichtung stand er an diesem Tage um 9 Uhr M. E. Z. abends, wenn die Rektaszension der Sonne an diesem Tage $\alpha_1 = 16^h\,31^m\,58^s$ und die Zeitgleichung $g = -10^m\,39^s$ betrug?

Siebenter Teil: Grundzüge u. Anwendungen der Differentialrechnung.

Erster Abschnitt.

Grundzüge der Differentialrechnung.

§ 1. Übungen zu O VIII § 12.

1. Stelle die nachstehenden Funktionen **a)** $y = \frac{2}{3}x^2 - 4x + 5$; **b)** $y = x^2 - 7$; **c)** $y = -\frac{1}{4}x^2 + 2x - 3$; **d)** $y = -\frac{4}{5}x^2 - x$ nebst ihren Differentialquotienten graphisch dar und untersuche den Zusammenhang zwischen den beiden Linien. Wovon hängt es insbesondere ab, ob die Parabel α) nach oben oder nach unten geöffnet ist, β) die x-Achse schneidet, berührt oder überhaupt nicht trifft (Höhenlage), γ) ihren Scheitelpunkt links oder rechts von der y-Achse hat (Seitenlage)? Bestimme auch mit Hilfe der Zeichnung annäherungsweise die Wurzeln der Gleichungen, die aus $a - d$ hervorgehen, wenn man $y = 0$ setzt.

2. a) Die Wurzeln der Gleichung $x^2 + \frac{5}{6}x - 1 = 0$ in der Weise zu bestimmen, daß man die Abszissen der Punkte aufsucht, in denen sich die Linien $y = x^2$ und $y = -\frac{5}{6}x + 1$ schneiden.

b) Desgleichen für $x^2 + 1{,}8\,x + 0{,}72 = 0$.

c) Wie kann man entsprechend die Wurzeln der Gleichung $x^2 + px + q = 0$ bestimmen, und wie erklärt es sich, daß die Abszisse des Scheitels der Parabel $y = x^2 + px + q$ das arithmetische Mittel zu den beiden Wurzelwerten ist?

d) Wie kann man aus der gegenseitigen Lage der Linien $y = x^2$ und $y = -px - q$ eine Übersicht über alle Fälle gewinnen, die hinsichtlich der Wurzeln der Gleichung $x^2 + px + q = 0$ möglich sind?

3. Die Gleichungen **a)** $y' = 2x + 3$; **b)** $y' = 2x - 3$; **c)** $y' = -2x + 3$; **d)** $y' = -2x - 3$ mögen die Differentialquotienten unbekannter Funktionen darstellen. α) Was läßt sich hieraus über den Verlauf der Funktionen, bzw. der sie darstellenden Linien schließen? β) Weshalb können die Gleichungen $a - d$ über das absolute Glied der Funktionen keinen Aufschluß geben? γ) Welchen Einfluß hat das absolute Glied auf die Höhenlage der Kurve?

4. Die Gleichungen **a)** $y' = -\frac{1}{2}x + 1$, **b)** $y' = 4x - 4$; **c)** $y' = x + 1$; **d)** $y' = -\frac{3}{2}x - 2$ mögen den Differentialquotienten je einer Funktion darstellen. Welches ist diese Funktion und wie groß ist insbesondere ihr absolutes Glied, wenn α) die Funktionskurve durch den Anfangspunkt geht, β) ihr höchster oder tiefster Punkt auf der x-Achse, γ) 3 Längeneinheiten über der x-Achse liegt, δ) die Kurve die y-Achse 4 Längeneinheiten über dem Anfangspunkt, ε) die x-Achse $2\frac{1}{2}$ Längeneinheiten links vom Anfangspunkt schneidet?

5. Zerlege die Parabeln $y = ax^2 + bx + c$ auf Grund des Differentialquotienten in zwei Gruppen, je nachdem sie nach oben oder nach unten geöffnet sind, und jede Gruppe wieder in drei Arten, je nachdem die Parabeln die x-Achse schneiden, berühren oder gar nicht treffen. Was für Wurzeln hat die Gleichung $ax^2 + bx + c = 0$ in den einzelnen Fällen?

6. Es soll nachgewiesen werden, daß die Bedingung, wonach die Ordinate des Scheitels der Parabel $y = x^2 + px + q$ negativ, positiv oder 0 ist, zusammenfällt mit der Bedingung, nach der die Gleichung $x^2 + px + q = 0$ zwei verschiedene reelle, zwei komplexe oder zwei zusammenfallende reelle Wurzeln hat.

7. Wo bildet an den Kurven 1 a — d die Tangente mit der x-Achse einen Winkel von α) 45^0; β) 60^0; γ) 30^0; δ) 120^0; ε) 135^0?

§ 2. Übungen zu O VIII § 13.

1. Die Kurve $y = x^3 - 1\frac{1}{2}x^2 - 4\frac{1}{2}x + 5$ soll mit den Linien des ersten und zweiten Differentialquotienten (der zweite ergibt sich durch nochmalige Differentiation des ersten) gezeichnet und die gegenseitigen Beziehungen untersucht werden.

2. Desgleichen für $y = -\frac{1}{4}x^3 + 3\frac{1}{4}x + 1$.

3. Die Gleichung $y' = 3x^2 - \frac{13}{4}$ stelle den Differentialquotienten einer Funktion dritten Grades dar. Es soll a) die Kurve gezeichnet und zu Schlüssen auf den Verlauf der Funktionskurve benutzt werden, b) die Funktion selbst bestimmt werden, wenn man weiß, daß ihre Kurve auf der positiven Seite der x-Achse ein Stück von 2 Längeneinheiten abschneidet.

4. Es soll eine Übersicht über die 6 Hauptformen der Kurven dritten Grades $y = ax^3 + bx^2 + cx + d$ gewonnen werden, indem man den Differentialquotienten dieser Funktion bildet und die möglichen Kurvenformen desselben (vgl. § 1, A. 5) zu Schlüssen auf die Form der zugehörigen Kurve dritten Grades benutzt. Die 6 Hauptformen sind in ihrer ungefähren Gestalt zu entwerfen und daraus Schlüsse auf die Zahl und Art der Wurzeln einer kubischen Gleichung zu ziehen. Durch welche arithmetischen Bedingungen unterscheiden sich die einzelnen Fälle (abzuleiten aus der Gleichung des Differentialquotienten).

5. Es soll nachgewiesen werden, daß in dem Fall, wo die Kurve $y = ax^3 + bx^2 + cx + d$ die x-Achse in einem Wendepunkt mit wagerechter Tangente berührt, in dem Wendepunkt drei gleiche Wurzelwerte der Gleichung $ax^3 + bx^2 + cx + d = 0$ zusammenfallen, so daß man die Wendetangente als eine Gerade auffassen kann, die mit der Kurve drei zusammenfallende Punkte gemeinsam hat.

6. Die Wurzelwerte der Gleichung $x^3 + px + q = 0$ können gefunden werden, indem man die Schnittpunkte der Linien $y = x^3$ und $y = -px - q$ bestimmt. Die Kurve $y = x^3$ ist zu zeichnen und dann unter Berücksichtigung der möglichen Lagen der Geraden $y = -px - q$ festzustellen, was für Wurzelwerte in den einzelnen Fällen vorliegen können. Es ist ferner festzustellen, daß eine Doppelwurzel dann vorliegt, wenn Gerade und Kurve sich berühren, also für den Berührungspunkt denselben Differentialquotienten besitzen. Hieraus ist der Wert dieser Doppelwurzel zu ermitteln und damit zugleich die durch p und q ausgedrückte Bedingung, daß ein solcher Fall vorliegt.

7. In welchen Punkten haben die Kurven der A. 1 und 2 a) eine wagerechte Tangente, b) eine unter 45° zur x-Achse geneigte Tangente, c) eine Wendetangente (d. h. die y'-Linie ein Maximum oder Minimum)?

8. Die Gleichungen in A. 1 und 2 mögen (y' statt y) die Differentialquotienten von Funktionen vierten Grades darstellen und sind zu Schlüssen auf den Verlauf dieser Kurven zu benutzen.

§ 3. Übungen zu O VIII § 14, 15, 16.

1. Von den nachstehenden Funktionen ist der Differentialquotient zu bilden und festzustellen, unter welchen Winkeln die zugehörige Kurve die x-Achse durchsetzt.

a) $y = x^5$; **b)** $y = 3x^4$; **c)** $y = \frac{1}{3} x^2$; **d)** $y = x^3 + 1$; **e)** $y = x^3 - 1$; **f)** $y = \frac{1}{2} x^2 - 8$; **g)** $y = x^3 + 4$; **h)** $y = \frac{1}{3} x^2 + x - 1\frac{1}{3}$; **i)** $y = 3x^4 + 2x$; **k)** $y = (2x - 3)(3x - 4)$; **l)** $y = (x - 1)(x - 2)(x + 3)$.

2. Von den nachstehenden Funktionen ist der Differentialquotient zu bilden und festzustellen, welche Lage die Tangente in den Punkten der zugehörigen Kurve hat, für die $x = 0$ und $x = \pm 1$ ist.

a) $y = 2x^3 - 5x^2 + 9$; **b)** $y = \frac{2}{3} x^3 - \frac{3}{4} x^2 - x + 6$;
c) $y = \frac{1}{2} x^4 - \frac{2}{3} x^2 + \frac{3}{4} x$.

3. Von den vorstehenden Funktionen die höheren Differentialquotienten zu bilden.

§ 4. Übungen zu O VIII § 17.

1. Ergeben sich bei einer Funktion für denselben Wert von x zwei entgegengesetzt gleiche Werte von y, so liegt die zugehörige Kurve symmetrisch zur x-Achse. Beispiele: **a)** $y^2 = x^3 + 1$; **b)** $x^2 + y^2 = x^3$.

2. Ändert eine Gleichung zwischen den Veränderlichen x und y durch Vertauschung von x mit y ihre Form nicht, so liegt die zugehörige Kurve symmetrisch zur Halbierungslinie des ersten und dritten Quadranten. Beispiel: $x^3 + y^3 = a^3$.

3. Ändert eine Gleichung zwischen den veränderlichen x und y ihre Form nicht, wenn man x durch $-y$ und y durch $-x$ ersetzt, so liegt die zugehörige Kurve symmetrisch zur Halbierungslinie des zweiten und vierten Quadranten. Beispiel: $x^3 - y^3 = a^3$.

4. Welche Symmetrie besitzen die folgenden Kurven?

a) $x^2 + y^2 = a^2$; **b)** $x^2 - y^2 = a^2$; **c)** $x^2 + xy + y^2 = a^2$; **d)** $x^2 - xy + y^2 = a^2$; **e)** $(x + y)(x^2 + y^2) = a^3$; **f)** $(x - y)(x^2 + y^2) = a^3$; **g)** $(x + y)(x^3 + y^3) = a^4$; **h)** $(x + y)(x^3 - y^3) = a^4$; **i)** $(x - y)(x^3 - y^3) = a^4$; **k)** $a(x^2 + y^2) = x^2 y$; **l)** $a(x^2 - y^2) = xy^2$; **m)** $a(x^2 - y^2) = x^3$; **n)** $a(x^2 - y^2) = y^3$; **o)** $x^3 = (2r - x) y^2$ (Cissoide); **p)** $x^3 + y^3 = 3axy$ (Blatt des Descartes).

§ 5. Übungen zu O VIII § 18.

Untersuche mit Hilfe der Differentialquotienten den Verlauf der Kurven zu folgenden Funktionen:

1. $y = \frac{1}{4}x^3 - x$; 2. $y = \frac{1}{4}x^4 - 2x$; 3. $y = \frac{1}{4}x^4 - x^2$; 4. $y = \frac{1}{15}x^5 - \frac{1}{3}x^3$; 5. $y = (x+1)(x-1)(x-2)$; 6. $y = \frac{1}{10}(x^2-1)(x^2-4)$. 7. $y = \frac{1}{10}x^4 + \frac{1}{3}x^3$.

§ 6. Übungen zu O VIII § 19, 20, 21.

Bilde die ersten und auch höhere Differentialquotienten von folgenden Funktionen:

1. $y = (4x-3)(2x-\frac{1}{2})$; 2. $y = (\frac{2}{3}x-5)(\frac{3}{4}x-6)$; 3. $y = (2x^2-3)(3x+4)$; 4. $y = (3x^2-5x)(x+2)$; 5. $y = (3x-2)^2$; 6. $y = (2x^2-3)^3$; 7. $y = (3x+2)^2(x-4)$; 8. $y = \frac{3x-4}{2x-7}$; 9. $y = \frac{x}{x-1}$; 10. $y = \frac{x^2}{x+1}$; 11. $y = \frac{1+x^2}{1-x^2}$; 12. $y = \frac{x^2-1}{2x+5}$; 13. $y = \frac{x^2}{x^2+1}$; 14. $y = \frac{(2x+1)^2}{x-3}$; 15. $y = \frac{x^2-1}{(2x+1)^2}$; 16. $y = x^{-3}$; 17. $y = \frac{2}{3}x^{-2}$; 18. $y = -\frac{1}{4}x^{-4}$; 19. $y = x^{-2}+5$; 20. $y = \frac{1}{x}$; 21. $y = \frac{3}{x^5}$; 22. $y = \frac{2}{x^3} - \frac{3}{4x^2}$; 23. $y = \frac{3}{(3x-4)^2}$.

§ 7. Übungen zu O VIII § 22.

Untersuche mit Hilfe der Differentialquotienten den Verlauf der Kurven zu folgenden Funktionen:

1. $y = \frac{1}{x}$; 2. $y = \frac{x}{x+1}$; 3. $y = \frac{1}{x+1}$; 4. $y = \frac{1}{x^2+1}$; 5. $y = \frac{1}{1-x^2}$; 6. $y = \frac{x}{x^2-4}$; 7. $y = \frac{x^2}{x^2-1}$; 8. $y = \frac{x^2-1}{x^2}$; 9. $y = \frac{x^2-x}{x^2-4}$; 10. $y = \frac{x^2}{x^3-1}$; 11. $y = \frac{x^3}{x^2-1}$; 12. $y = \frac{x^2-1}{x^3}$.

§ 8. Übungen zu O VIII § 23 und 24.

1. Bilde zu folgenden Funktionen den ersten und auch höhere Differentialquotienten:

a) $y = x^{\frac{1}{3}}$; b) $y = 2 \cdot x^{\frac{1}{2}}$; c) $y = \sqrt[3]{x^5}$; d) $y = \sqrt{x}$; e) $y = 3x^{-\frac{1}{3}}$; f) $y = \frac{1}{\sqrt[3]{x^2}}$; g) $y = \frac{4}{\sqrt{x^3}}$; h) $y = x\sqrt{x}$; i) $y = \frac{x^2}{2}\sqrt[3]{x}$; k) $y = (5x^2-4)^{\frac{1}{3}}$

l) $y = \sqrt{3x^2+4x}$; m) $y = \sqrt{ax+b}$; n) $y = \left(\frac{2}{3}x-4\right)^{-\frac{3}{4}}$;

o) $y = \sqrt[3]{(8x-5)^2}$; p) $y = (2-x)^{-\frac{3}{2}}$.

2. Untersuche mit Hilfe der Differentialquotienten den Verlauf der Kurven zu folgenden Funktionen:

a) $y = \sqrt[3]{x^2 + 1}$; **b)** $y = \sqrt[3]{x^2 - 1}$; **c)** $y = \sqrt[3]{x^3 + 1}$; **d)** $y = \sqrt[3]{x^3 - 1}$; **e)** $y = \pm \sqrt{x^3 + 1}$.

3. Bilde die ersten Differentialquotienten der unentwickelten Funktionen in § 4.

§ 9. Übungen zu O VIII § 25—30.

Bilde die ersten und in einfacheren Fällen auch höhere Differentialquotienten zu folgenden Funktionen.

1. $y = \sin 2x$; **2.** $y = \cos\left(3x - \frac{\pi}{2}\right)$; **3.** $y = \frac{q}{\sin x}$; **4.** $y = \frac{q}{\cos x}$; **5.** $y = \sin^2 x$; **6.** $y = \operatorname{tg} 3x$; **7.** $y = \cot(\pi - x)$; **8.** $y = \operatorname{tg}^2 x$; **9.** $y = \cot^2 x$; **10.** $y = \sin x \cos x$; **11.** $y = \cos^2 x - \sin^2 x$; **12.** $y = \cos\frac{a}{x}$; **13.** $y = \sin^3 x - 2\sin x + 5$; **14.** $y = x \cdot \sin x$; **15.** $y = x^2 \cdot \cos x$; **16.** $y = arc \sin 2x$; **17.** $y = arc \operatorname{tg} 3x$; **18.** $y = \frac{\sin^2 x}{\cos 2x}$; **19.** $y = \log(2x^3)$; **20.** $y = \log\frac{x}{n}$; **21.** $y = l(x - 4)$; **22.** $y = l \sin x$; **23.** $y = l \cos x$; **24.** $y = l \operatorname{tg} x$; **25.** $y = l \cot x$; **26.** $y = e^{ax}$; **27.** $y = e^{ax+b}$; **28.** $y = a^{bx}$; **29.** $y = x \cdot e^x$; **30.** $y = x^2 \cdot e^x$.

Zweiter Abschnitt.

Anwendungen der Differentialrechnung.

A. Maxima und Minima (O VIII §§ 32—34).

§ 10. Übungen aus der Planimetrie.

1. Welches Rechteck von gegebenem Umfang u hat a) den größten Flächeninhalt, b) die kürzeste Diagonale?

2. Welches Rechteck von gegebenem Flächeninhalt J hat a) den kleinsten Umfang, b) die kürzeste Diagonale?

3. Welches Rechteck von gegebener Diagonale d hat a) den größten Inhalt, b) den größten Umfang?

4. Welches unter den über derselben Grundlinie c stehenden Dreiecken von gleichem Umfang u hat den größten Inhalt?

5. a) Einem rechtwinkligen Dreieck sind Rechtecke dadurch eingezeichnet, daß man von Punkten der Hypotenuse die Parallelen zu den Katheten gezogen hat. Welches unter diesen Rechtecken hat den größten Flächeninhalt?

b) die entsprechende Aufgabe für ein beliebiges Dreieck zu lösen.

6. a) Einem gleichschenkligen Dreieck (Grundlinie c, Höhe h) sind auf der Grundlinie stehende Rechtecke einbeschrieben. Welches von ihnen hat den größten Inhalt?

b) Die Aufgabe umzukehren und das gleichschenklige Dreieck vom kleinsten Umfang zu bestimmen.

7. Welches unter allen einem Kreise vom Halbmesser r einbeschriebenen Rechtecken hat a) den größten Inhalt, b) den größten Umfang?

8. Welcher unter allen einem Kreise vom Halbmesser r umbeschriebenen Rhomben hat a) den kleinsten Inhalt, b) den kleinsten Umfang?

9. Einem Halbkreis sind gleichschenklige Dreiecke so einbeschrieben, daß ihre Spitzen im Mittelpunkt liegen und ihre Grundlinien dem begrenzenden Durchmesser parallel laufen. Welches ist das größte?

10. Welches unter den einem Kreise vom Halbmesser r einbeschriebenen gleichschenkligen Dreiecken hat a) den größten Inhalt, b) den größten Umfang?

11. In einem Quadranten ist die Sehne zwischen den Endpunkten der begrenzenden Halbmesser gezogen worden; es soll die Ordinate ermittelt werden, bei der das Stück zwischen Sehne und Kreis am größten ist.

12. In einem Halbkreis eine zum begrenzenden Durchmesser parallele Sehne so zu ziehen, daß das durch Sehne und Durchmesser bestimmte Trapez einen möglichst großen Flächeninhalt hat.

13. Welches unter allen gleichschenkligen Dreiecken, die einem Kreise vom Halbmesser r umbeschrieben sind, hat a) den kleinsten Flächeninhalt, b) den kleinsten Umfang?

14. Dieselbe Aufgabe für einen Halbkreis zu lösen.

15. Einem Kreisausschnitt (Halbmesser r, Mittelpunktswinkel α) ein Rechteck von größtem Flächeninhalt so einzuzeichnen, daß das eine Seitenpaar der Halbierungslinie des Mittelpunktswinkels parallel ist.

§ 11. Übungen aus der Stereometrie.

1. Welcher unter allen Zylindern, deren Achsenschnitte denselben Umfang u haben, hat a) den größten Rauminhalt, b) den größten Mantel?

2. Welcher Zylinder vom gegebenem Rauminhalt V hat a) den kleinsten Umfang des Achsenschnitts, b) die kleinste Oberfläche?

3. Welche quadratische Säule hat a) bei gegebener Oberfläche O den größten Rauminhalt, b) bei gegebenem Rauminhalt V die kleinste Oberfläche?

4. Welcher unter allen Kegeln, deren Achsenschnitte denselben Umfang u haben, hat den größten Rauminhalt?

5. n Stangen von je a m Länge sollen die Seitenkanten einer regelmäßigen Pyramide bilden. Auf dem Bogen ist ein Kreis zu ziehen, in den die Stäbe eingesteckt werden. Wie groß muß sein Halbmesser gemacht werden, damit die Pyramide einen möglichst großen Inhalt erhalte, und wie groß ist dieser?

a) $n = 4$; b) $n = 6$; c) $n = 3$; d) $n = 8$; e) $n = 5$.

6. Es soll ein Hohlgefäß in Form a) eines Zylinders, b) eines Kegels, c) einer Kalotte angefertigt werden, das bei gegebener Oberfläche O den größten Inhalt hat.

7. Desgl., wenn das Gefäß bei gegebenem Inhalt V die kleinste Oberfläche besitzen soll.

8. Aus einem rechteckigen Stück Pappe von $a = 40$ cm Länge und $b = 25$ cm Breite soll an jeder Ecke ein Quadrat herausgeschnitten und aus dem Rest ein Kasten gebogen werden. Wie groß muß die Seite des Quadrats gewählt werden, wenn der Inhalt des Kastens möglichst groß sein soll?

9. Einer Kugel soll der Zylinder einbeschrieben werden, der a) den größten Inhalt, b) den größten Mantel, c) die größte Oberfläche hat.

10. Einem geraden Kegel (r, h) soll der Zylinder einbeschrieben werden, der a) den größten Inhalt, b) den größten Mantel, c) die größte Oberfläche (Zahlenbeispiele: $h = 3\,r,\ 4\,r,\ 10\,r$) hat.

11. Um einen geraden Zylinder (r, h) soll der gerade Kegel gelegt werden, der a) den kleinsten Inhalt, b) den kleinsten Mantel (kubische Gleichung in reduzierter Form für $x—r$, wenn x den Halbmesser der Grundfläche des Kegels bedeutet; Zahlenbeispiel $r = 1$, $h = 3\sqrt{3}$) hat.

12. Einem geraden Kegel soll ein zweiter in umgekehrter Lage so einbeschrieben werden, daß letzterer einen möglichst großen Inhalt hat.

13. Einem geraden Kegel soll eine quadratische Säule so einbeschrieben werden, daß sie a) einen möglichst großen Inhalt, b) eine möglichst große Oberfläche hat.

14. Einer Kugel den geraden Kegel einzubeschreiben, der a) den größten Inhalt, b) den größten Mantel, c) die größte Oberfläche hat.

15. Einer Kugel die quadratische Säule einzubeschreiben, die a) den größten Inhalt, b) den größten Mantel, c) die größte Oberfläche hat.

16. Einer Kugel a) das größte gerade regelmäßig-dreiseitige Prisma, b) die größte gerade regelmäßig-vierseitige Pyramide, c) die größte gerade regelmäßig-dreiseitige Pyramide einzubeschreiben.

17. Um eine Kugel den kleinsten geraden Kegel zu legen.

18. Im Abstande a vom Mittelpunkt einer Kugel befindet sich ein leuchtender Punkt. Wie groß muß der Halbmesser der Kugel gewählt werden, wenn die beleuchtete Fläche möglichst groß sein soll?

19. Einer Halbkugel soll a) der größte gerade Kegel, b) die größte gerade quadratische Pyramide, c) die größte gerade regelmäßig-dreiseitige Pyramide so einbeschrieben werden, daß die Spitze im Mittelpunkt liegt.

20. Wie groß ist die Höhe desjenigen unter den einer Halbkugel einbeschriebenen Zylindern, dessen Mantel die über seiner oberen Grundfläche stehende Kugelmütze am meisten übertrifft?

21. Welcher unter den einer Halbkugel einbeschriebenen Kegelstumpfen hat den größten Mantel?

22. Um eine Halbkugel den Kegel vom kleinsten Mantel zu legen.

23. Welcher Kugelabschnitt übertrifft an Rauminhalt die größte ihm einbeschriebene Kugel am meisten?

24. Bei welchem Kugelausschnitt (Mittelpunktswinkel $= 2\,\varphi$) ist die Differenz zwischen dem Kegelmantel und der Kugelmütze am größten?

25. Um einen Punkt P einer gegebenen Kugel eine zweite so zu beschreiben, daß ihre innerhalb der gegebenen Kugel liegende Mütze den größten Flächeninhalt hat.

26. In ein regelmäßiges Tetraeder den größten Zylinder zu beschreiben.

§ 12. Übungen aus der Lehre von den Funktionen und der analytischen Geometrie.

Die größten und kleinsten Werte nachstehender Funktionen zu bestimmen:

1. $y = \dfrac{3x^2 - 5x + 8}{x}$

2. $y = \frac{8}{x-3} - \frac{8}{x-5}$

3. $y = (2x-3)(3x+2)^2$

4. $y = \frac{1}{x^2} + \frac{1}{x} + 3x + 2$ (kubische Gleichung).

5. a) $y = \cos x + \sin x$; b) $y = \cos x - \sin x$.

6. a) $y = \operatorname{tg} x + \cot x$; b) $y = \operatorname{tg} x - \cot x$.

7. a) $y = \frac{1}{2}\cos 2x - \cos x$; b) $y = \frac{1}{2}\sin 2x - \sin x$.

8. a) $y = \cos 3x - \cos^3 x$; b) $y = \sin 3x - \sin^3 x$.

9. Durch den Punkt $[p; q]$ im ersten Quadranten eine Gerade so zu legen, daß der zwischen den positiven Hälften der Koordinatenachsen liegende Abschnitt möglichst kurz werde. Beispiel: $p = 4$, $q = 5$.

10. Welcher Punkt der Parabel $y^2 = 2px$ ist dem Punkt $[x_1; y_1]$ am nächsten? Beispiel: a) $x_1 = 2p$; $y_1 = 0$; b) $x_1 = p$, $y_1 = 4p$.

11. Einem Parabelsegment, das von einer zur Achse senkrechten Sehne im Abstande q vom Scheitel begrenzt wird, soll mittels einer Parallele zu dieser Sehne a) das größte gleichschenklige Dreieck (mit der Spitze im Mittelpunkt der Sehne), b) das größte Rechteck, c) das größte Trapez einbeschrieben werden.

12. In Aufgabe 11 soll das Rechteck so einbeschrieben werden, daß der bei der Umdrehung um die Achse entstehende Zylinder a) den größten Rauminhalt, b) den größten Mantel, c) die größte Oberfläche erhält.

13. In Aufgabe 11 soll das gleichschenklige Dreieck so einbeschrieben werden, daß der hieraus bei der Umdrehung um die Achse entstehende Kegel a) einen möglichst großen Rauminhalt, b) einen möglichst großen Mantel hat.

14. Welche zur x-Achse parallele Sehne der Ellipse $b^2x^2 + a^2y^2 = a^2b^2$ bildet die Grundlinie des größten gleichschenkligen Dreiecks, dessen Spitze a) im Mittelpunkt, b) in einem Nebenscheitel liegt?

15. Welches gleichschenklige Dreieck, dessen Schenkel eine Ellipse berühren und dessen Grundlinie a) auf der x-Achse liegt, b) die Ellipse in dem gegenüberliegenden Nebenscheitel berührt, hat den kleinsten Flächeninhalt?

16. Welches der gleichschenkligen Dreiecke in Aufg. 14 beschreibt bei der Umdrehung um die y-Achse den größten Kegel?

17. Desgl. in Aufg. 15 den kleinsten Kegel.

18. Welche zur x-Achse parallele Sehne einer Ellipse bestimmt mit deren Hauptachse das größte Trapez?

19. Von welcher Tangente einer Ellipse im ersten Quadranten schneiden die Achsen die kleinste Strecke ab?

20. Welche dieser Tangenten beschreibt bei der Drehung um die y-Achse a) den kleinsten Kegel, b) den kleinsten Kegelmantel?

21. Auf welcher Sehne gleitet ein materieller Punkt ohne Reibung am schnellsten ab, wenn sie a) bei einer Parabel mit senkrechter Achse durch den Brennpunkt, b) bei einer Ellipse (Hyperbel) mit senkrechter Achse durch einen Brennpunkt, c) bei dem Kreise $x^2 + y^2 = r^2$ durch den Punkt $[0; -q]$ geht?

B. Auswertung von Quotienten, Kurventangenten, Krümmung.

§ 13. Übungen zur Auswertung von Quotienten (O VIII § 43—45).

Welche Werte nehmen die nachstehenden Quotienten an:

1. $y = \frac{x^2 + 2x - 3}{x^2 - 3x + 2}$ für $x = 1$,
2. $y = \frac{x^3 - 3x^2 - 4x + 12}{x^3 - 3x^2 - 5x + 15}$ für $x = 3$,
3. $y = \frac{x^3 - 3x^2 - 4x + 12}{x^3 + x^2 - 4x - 4}$ für $x = \pm 2$,
4. $y = \frac{x^3 + 3x^2 - 4}{3x^3 + 10x^2 + 4x - 8}$ für $x = -2$,
5. $y = \frac{8x^4 + 40x^3 + 46x^2 - 20x - 25}{4x^4 + 20x^3 + 12x^2 - 60x - 75}$ für $x = -2\frac{1}{2}$,
6. $y = \frac{\sin x}{2x}$ für $x = 0$,
7. $y = \frac{\sin x}{x^2}$ für $x = 0$,
8. $y = \frac{\operatorname{tg} x}{x}$ für $x = 0$,
9. $y = \frac{x^2}{1 - \cos x}$ für $x = 0$,
10. $y = \frac{x - \sin x}{2x^3}$ für $x = 0$,
11. $y = \frac{2 \cos x}{\pi - 2x}$ für $x = \frac{\pi}{2}$,
12. $y = x l x = \frac{lx}{\frac{1}{x}}$ für $x = 0$,
13. $y = \frac{lx}{x}$ für $x = \infty$,
14. $y = \frac{l \cos x}{x}$ für $x = 0$,
15. $y = \frac{e^x}{x}$ für $x = \infty$?

Weitere Beispiele in den Aufgaben des § 7.

§ 14. Ermittelungen der Gleichungen von Kurventangenten (O VIII § 47).

Benutze für entwickelte Funktionen die Beispiele der §§ 5, 7 und 8,2, für unentwickelte Funktionen die des § 4.

Bestimme jedesmal auch die Form, die die Tangentengleichung für bestimmte Kurvenpunkte (insbesondere die ausgezeichneten Punkte) annimmt und für welche Kurvenpunkte die Tangente (oder die Normale) durch den Koordinatenanfangspunkt (oder einen anderen ausgezeichneten Punkt) geht oder für welche Kurvenpunkte die Tangente einen vorgeschriebenen Winkel mit der x-Achse (z. B. 45^0) bildet.

§ 15. Übungen zur Krümmung der Kurven. (O VIII §§ 54, 55).

Wie groß ist der Krümmungshalbmesser und welches sind die Koordinaten des Mittelpunkts des Krümmungskreises bei den Kurven

1. $y = \frac{1}{2} x^2 - 5x + 4$ in dem Punkt, dessen Abszisse gleich 4 ist,
2. $y = x^2 + x - 6$ in den Schnittpunkten mit den Achsen,
3. $y = x^2 - 2x + 3$ im tiefsten Punkt der Kurve,

4. $y = \frac{1}{3}x^3 + \frac{1}{2}x^2 - 2x - 3$ in den Punkten, wo ein Maximum oder Minimum vorhanden ist,

5. $y = \sin x$ für $x = \frac{\pi}{2}$,

6. $y = lx$ für $x = 1$,

7. $y = e^x$ für $x = 0$,

8. $y = ax^2 + bx + c$ in dem Punkt der stärksten Krümmung,

9. $y = ax^3 + bx^2 + cx + d$ in den Punkten, wo y den größten und kleinsten Wert erreicht und am Wendepunkt der Kurve,

10. $y = lx$ in dem Punkt der stärksten Krümmung,

11. $y = e^x$ desgl., 12. $y = \frac{1}{x}$ desgl.,

13. $y = x^3$ desgl., 14. $y = \sin x$ desgl.

Achter Teil: Grundzüge und Anwendungen der Integralrechnung.

Erster Abschnitt.

Grundzüge der Integralrechnung.

§ 1. Übungen zu O IX § 1. Suche die Integralfunktionen zu folgenden Differentialfunktionen:

1. $y' = x^3$; 2. $y' = x^{-4}$; **3.** $y' = x^{-n}$; **4.** $y' = \frac{1}{x^2}$; **5.** $y' = x^{\frac{1}{3}}$;

6. $y' = x^{\frac{1}{n}}$; **7.** $y' = x^{\frac{m}{n}}$; **8.** $y' = \sqrt{x}$; **9.** $y' = x^{-\frac{3}{4}}$; **10.** $y' = \frac{1}{\sqrt{x}}$;

11. $y' = \frac{1}{\sqrt[3]{x^2}}$; **12.** $y' = \frac{1}{\sqrt[m]{x^n}}$; **13.** $y' = (x+a)^n$; **14.** $y' = (2x+a)^3$;

15. $y' = \sqrt{x+3}$; **16.** $y' = \sqrt{ax}$; **17.** $y' = \sqrt[3]{2x-5}$; **18.** $y' = \sqrt[5]{(3x-4)^3}$;

19. $y' = \sin ax$; **20.** $y' = \cos\frac{x}{a}$; **21.** $y' = \frac{1}{\sin^2\frac{x}{a}}$; **22.** $y' = \frac{1}{\cos^2 ax}$;

23. $y' = \frac{1}{\sqrt{1-a^2x^2}}$; **24.** $y' = \frac{1}{1+a^2x^2}$; **25.** $y' = \frac{1}{ax}$; **26.** $y' = \frac{1}{x+a}$;

27. $y' = e^{ax}$; **28.** $y' = e^{ax+\beta}$; **29.** $y' = a^{x+b}$; **30.** $y' = a^{\frac{x}{b}}$.

§ 2. Übungen zu O IX § 5.

1. Schreibe die Übungen des § 1 mit dem Integralzeichen.

2. a) $\int ax^2\,dx$; **b)** $\int\frac{x^3}{4}\,dx$; **c)** $\int\frac{3}{x}\,dx$; **d)** $\int n\sqrt[3]{x^2}\,dx$; **e)** $\int\frac{2}{\sqrt{x}}\,dx$;

f) $\int\frac{p}{(\sqrt{x})^3}\,dx$; **g)** $\int a\sin x\,dx$; **h)** $\int\frac{b}{\cos^2 ax}\,dx$; **i)** $\int\frac{p}{1+a^2x^2}\,dx$;

k) $\int be^{ax}\,dx$; **l)** $\int\frac{dx}{\sqrt{a^2-x^2}} = \int\frac{dx}{a\sqrt{1-\left(\frac{x}{a}\right)^2}}$.

3. a) $\int(4x^3-5x^2+6x-3)\,dx$; b) $\int\left(\frac{3}{4}x^2-\frac{2}{3}x+\frac{1}{2}\right)dx$;
c) $\int(ax^2+bx+c)\,dx$; d) $\int(ax^3-bx^2+cx-e)\,dx$.

4. a) $\int\cot x\,dx$; b) $\int\operatorname{tg} x\,dx$; c) $\int\frac{2x\,dx}{x^2-a^2}$; d) $\int\frac{x\,dx}{a^2-x^2}$;
e) $\int\frac{2x\,dx}{1+x^2}$; f) $\int\frac{2x\,dx}{1+a^2x^2}$.

Anleitung zu a): $\int\cot x\,dx=\int\frac{\cos x}{\sin x}dx=l\sin x+k$, da der Zähler der Differentialquotient des Nenners ist. (Für negative Sinus ist $-l(-\sin x)$ zu nehmen).

§ 3. Übungen zu O IX § 6.

1. $\int x\sin x\,dx$; 2. $\int x^2\cos x\,dx$; 3. $\int\sin^2 x\,dx$; 4. $\int lx\,dx$ $(=\int 1\cdot lx\,dx)$;
5. $\int x\,lx\,dx$; 6. $\int x^2\,lx\,dx$; 7. $\int xe^x\,dx$; 8. $\int x^2e^x\,dx$; 9. $\int\sqrt{1-x^2}\,dx$;
10. $\int\sqrt{1-a^2x^2}\,dx$; 11. $\int\sqrt{a^2-b^2x^2}\,dx$.

Zweiter Abschnitt.

Anwendungen der Integralrechnung.

§ 4. Übungen zu O IX § 7.

Bei den folgenden Kurven den Flächenraum zwischen Kurve und x-Achse zu berechnen:

1. $y^2=4x$ für x a) von 0 bis 1, b) von 1 bis 2, c) von 1 bis 4;
2. $x^2=4y$ für x a) von 0 bis 1, b) von 1 bis 2;
3. $y=4x-x^2$ zwischen den Schnittpunkten mit der x-Achse;
4. $y=x^2-4x+3$ desgleichen;
5. $y=(x^2-1)(x-2)$ desgleichen;
6. $y^2=x^3$ für x a) von 0 bis 1, b) von 0 bis 4;
7. $y=\sin x$ für x a) von 0 bis $\frac{\pi}{2}$, b) von 0 bis π, c) von 0 bis 2π (weshalb ergibt sich bei c der Wert 0?);
8. $y=x\cdot\cos x$ für x von 0 bis $\frac{\pi}{2}$;
9. $y=e^x$ für x a) von $-\infty$ bis 0, b) von -1 bis 0, c) von 0 bis 1, d) von $-\infty$ bis 1;
10. $y=lx$ für x a) von 1 bis e, b) von 0 bis 1 (in diesem Fall ist der Grenzwert von $x\cdot lx$ für $x=0$ zu ermitteln als $\lim\limits_{x=0}\frac{lx}{\frac{1}{x}}$ nach O VIII § 45);
11. $x^2+y^2=r^2$ für x von 0 bis r (ein Viertel der Kreisfläche);

12. $b^2 x^2 + a^2 y^2 = a^2 b^2$ für x von 0 bis a (ein Viertel der Ellipsenfläche);

13. $y = \sqrt{1 - x^2}$ für x von 0 bis 1;

14. $y = \sqrt{1 - a^2 x^2}$ für x von 0 bis $\frac{1}{a}$;

15. $y = \sqrt{a^2 - b^2 x^2}$ für x von 0 bis $\frac{a}{b}$.

16. $y = \frac{1}{x}$ für x a) von 1 bis 2, b) von 1 bis 3, c) von 1 bis n (Bedeutung der gleichseitigen Hyperbel für die natürlichen Logarithmen).

§ 5. Übungen zu O IX § 8.

1—16. Die Rauminhalte der Rotationskörper zu berechnen, die entstehen, wenn die in § 4, 1—16 behandelten Flächen um die x-Achse gedreht werden.

17. Die Formel für den Rauminhalt des Kegels abzuleiten, wenn man ihn durch Rotation der Fläche zwischen der Geraden $y = Mx$, der Ordinate r im Abstand h vom Anfangspunkt und der x-Achse um die letztere entstehen läßt.

18. Desgleichen die Formel für den Rauminhalt des abgestumpften Kegels, wenn man in derselben Weise die Fläche zwischen den Ordinaten r und R im Abstande h behandelt.

19. Desgleichen die Formel für den Rauminhalt des Kugelabschnitts und der ganzen Kugel mit Hilfe der Scheitelgleichung des Kreises $y^2 = 2r x - x^2$.

20. Desgleichen die Formel für den Rauminhalt der Kugelschicht mit Hilfe der Mittelpunktsgleichung des Kreises $x^2 + y^2 = r^2$ durch Betrachtung der Fläche zwischen den Ordinaten a und b im Abstande $x_2 - x_1 = h$.

Neunter Teil: Analytische Geometrie der Ebene.

Erster Abschnitt.

Punkt und Gerade (O X, §§ 1—9).

§ 1. Übungen. 1. Zeichne (Längeneinheit = 1 cm) auf Koordinatenpapier (mm-Papier) die Punkte **a)** 2; 3; **b)** 5; —2; **c)** —4; —3; **d)** — 4; 5.

2. Desgl. die Punkte **a)** —3,4; 2,5; **b)** 2,7; 3,2; **c)** 4,9; —1,4; **d)** —0,2; —3,6.

3. Welche Vorzeichen haben die Koordinaten eines Punktes in den einzelnen Quadranten?

4. Welche Lage haben die Punkte **a)** 0; 3,2; **b)** 0; — 4,5; **c)** 2,8; 0; **d)** —3,7; 0; **e)** 0; 0?

5. Welche Lage haben alle Punkte, für die **a)** $x = 4$, **b)** $x = -3$, **c)** $y = 5$, **d)** $y = -2$, **e)** $x = 0$, **f)** $y = 0$ ist?

6. Welche Bedingung gilt also für eine Gerade, die parallel zur x-Achse läuft und **a)** 3 cm nach oben hin, **b)** 4,2 cm nach unten hin von ihr entfernt ist? Welche Bedingungen gelten entsprechend für Geraden, die zur y-Achse parallel sind?

7. Welche Bedingung gilt **a)** für die x-Achse, **b)** für die y-Achse selbst?

8. Welche Lage haben die Punkte unter 1, 2 und 4, wenn die Achsen einen Winkel von 60° miteinander bilden?

9. Welches sind die Polarkoordinaten der Punkte unter 1, 2 und 4?

10. Die Punkte zu zeichnen, deren Polarkoordinaten **a)** $r = 4$; $\alpha = 45^0$; **b)** $r = 3{,}2$; $\alpha = 112^0$; **c)** $r = 4{,}6$; $\alpha = 304^0$; **d)** $r = 5{,}2$; $\alpha = 225^0$ sind.

11. Wie erkennt man an den Polarkoordinaten, in welchem Quadranten der Punkt liegt?

12. Welche Lage haben alle Punkte, für die $r = 5$ cm ist?

13. Welche Lage haben alle Punkte, für die $\alpha = 52^0$ ist?

§ 2. Übungen. 1. Welchen Abstand haben die Punkte **a)** 13; 1 und 3; —2; **b)** 9; — 5 und 2; — 1?

2. Welche Koordinaten hat der Punkt, der die Verbindungsstrecke der Punkte P_1 und P_2 im Verhältnis $m : n$ teilt?

3. Die Ecken eines Dreiecks haben die Koordinaten [—4; —3], [—2; 5] und [3; 2].

a) Das Dreieck zu zeichnen.
b) Welche Koordinaten haben die Mitten der Seiten?
c) Den Flächeninhalt zu berechnen.
d) Welche Koordinaten hat der Schwerpunkt des Dreiecks?
e) Welche Ordinate müßte der dritte Endpunkt besitzen, um in die Verbindungslinie der beiden anderen zu fallen?

4. Desgl. wenn die Endpunkte die Koordinaten
a) [— 5; 2], [3; — 3] und [2; 4],
b) [— 2; 1], [6; — 3] und [1; 5] haben.

§ 3. Übungen. 1. Die Geraden **a)** $\frac{x}{4} + \frac{y}{3} = 1$; **b)** $-\frac{x}{2} + \frac{y}{3} = 1$; **c)** $-\frac{x}{5} - y = 1$; **d)** $\frac{x}{2} - \frac{y}{4} = 1$ zu zeichnen.

2. Desgl. die Geraden **a)** $2x + 3y = 4$; **b)** $3x - y = 1$; **c)** $-x + \frac{2}{3}y = 2$; **d)** $\frac{1}{2}x + \frac{1}{3}y = 2$.

3. Welchen Einfluß haben die Vorzeichen von a und b auf die Lage der Geraden $\frac{x}{a} + \frac{y}{b} = 1$?

4. Welche Bewegung führt die Gerade $\frac{x}{a} + \frac{y}{b} = 1$ aus, wenn man **a)** a festhält und b ändert, **b)** b festhält und a ändert?

5. Was ist von den Geraden $\frac{x}{a} + \frac{y}{b} = 1$ und $\frac{x}{2a} + \frac{y}{2b} = 1$ bzw. $\frac{x}{na} + \frac{y}{nb} = 1$ auszusagen?

6. Die Geraden **a)** $y = 3x + 4$; **b)** $y = -\frac{1}{2}x + 3$; **c)** $y = -2x - \frac{1}{2}$; **d)** $y = \frac{3}{4}x - 5$ zu zeichnen.

7. Welche Strecken schneiden diese Geraden auf der x-Achse ab?

8. Was gilt von den Geraden $y = Mx + n$ und $y = Mx + p$?

9. Die Gleichungen in 1 und 2 auf die Form $y = Mx + n$ zu bringen.

10. Welche Lage hat die Gerade $y = Mx + n$ je nach den Vorzeichen von M und n?

11. Welche Bewegung führt die Gerade $y = Mx + n$ aus, wenn man **a)** M festhält und n ändert, **b)** n festhält und M ändert?

12. Welche Gleichung haben alle Geraden, die durch den Punkt [3; 2] gehen? Welche Gleichung im besonderen, wenn die Gerade außerdem **a)** durch den Anfangspunkt geht, **b)** der Geraden $y = \frac{1}{2}x - 5$ parallel ist, **c)** einen Winkel von 45^0 mit der x-Achse bildet, **d)** auf der x-Achse eine Strecke von 4 Einheiten abschneidet?

13. Welche Gerade geht durch die Punkte [— 3; 2] und [4; — 3]? Welche Strecken schneidet sie auf den Achsen ab?

14. Welche Ordinaten haben die Punkte der Geraden $y = -3x + 2$, deren Abszissen **a)** 5, **b)** — 3, **c)** $2\frac{1}{2}$, **d)** — 1, 2 sind, und welche Abszissen die Punkte, deren Ordinaten **e)** 4, **f)** $-1\frac{1}{2}$, **g)** 3, 4, **h)** — 2, 5 sind?

§ 4. **Übungen.** **1.** Welche Koordinaten besitzen die Eckpunkte eines Dreiecks, dessen Seiten die Gleichungen **a)** $y = 2x + 3$, $y = -3x - 5$ und $y = 4x - 1$; **b)** $x + 9y = 31$, $3x - 2y = 6$, $10x + 3y = -38$, **c)** $y = 5x + 6$, $y = -3x + 4$, $y = 2x - 1$ haben?

2. Welche Gleichung und welche Länge hat das von dem Punkte [3; 4] auf die Gerade $y = \frac{1}{2}x - 5$ gefällte Lot?

3. a) Welche Gleichung hat das auf der Verbindungsstrecke der Punkte [— 3; 2] und [4; — 3] errichtete Mittellot? **b)** Welche Gleichung und welche Länge hat das vom Anfangspunkt auf jene Strecke gefällte Lot? **c)** In welchem Verhältnis teilt es die Verbindungsstrecke? **d)** Welche Gleichung haben die Lote, die in den Schnittpunkten der Verbindungsstrecke mit den Achsen auf ihr errichtet sind?

4. Ein Gerade hat die Gleichung $y = -2x + 3$. Welche Gleichung hat die Gerade, die **a)** im Schnitt mit der y-Achse, **b)** im Schnitt mit der x-Achse auf ihr senkrecht steht, **c)** ihr parallel durch den Punkt [4; 5], **d)** ihr parallel durch den Anfangspunkt geht, **e)** vom Anfangspunkt, **f)** vom Punkt [— 4; — 3] senkrecht auf sie gefällt ist?

5. Für das Dreieck in § 2, 3 die Gleichungen **a)** der Höhen, **b)** der Mittelsenkrechten auf den Seiten aufzustellen und zu zeigen, daß diese Geraden sich in einem Punkte schneiden.

6. Desgl. für das Dreieck in § 4,1.

7. Zu beweisen: Ist $y = Mx + n$ oder $y - Mx - n = 0$ die Gleichung einer Geraden und $[x_1; y_1]$ ein Punkt außerhalb der Geraden, so bedeutet $y_1 - Mx_1 - n$ das Stück der Ordinate dieses Punktes, das über der Geraden liegt.

8. Wie erklärt sich hiernach die Formel $p = \varepsilon \cdot \frac{y_1 - Mx_1 - n}{\sqrt{M^2 + 1}}$, die die Länge des von dem Punkt $[x_1; y_1]$ auf die Gerade $y = Mx + n$ gefällten Lotes angibt?

9. Zu beweisen: Wenn man die Gleichungen $y - M_1 x - n_1 = 0$ und $y - M_2 x - n_2 = 0$ kurz mit $L_1 = 0$ und $L_2 = 0$ bezeichnet, so stellt die Gleichung $L_1 + \lambda L_2 = 0$ eine Gerade dar, die durch den Schnittpunkt der beiden anderen geht.

10. Welche geometrische Bedeutung hat λ nach 7?

11. Welche Lage hat die Gerade $L_1 + L_2 = 0$ zu den Geraden $L_1 = 0$ und $L_2 = 0$?

12. Die Gleichung der Geraden (mit Hilfe von 9) zu bestimmen, die durch den Schnittpunkt der Geraden $y = -\frac{2}{3}x + \frac{5}{6}$ und $y = \frac{1}{2}x - \frac{3}{4}$ geht und **a)** durch den Punkt [5; —2] geht, **b)** auf der Geraden $y = 3x - 1$ senkrecht steht, **c)** der Geraden $y = -x - \frac{1}{2}$ parallel ist, **d)** auf der x-Achse eine Strecke von $2\frac{1}{2}$ Längeneinheiten abschneidet, **e)** die Verbindungsstrecke der Punkte [4; 6] und [5; — 3] halbiert, **f)** einen Neigungswinkel von 135° mit der x-Achse bildet.

13. Die Aufgabe 6 mit Hilfe von 9 zu lösen.

14. Die Gleichungen für die Halbierungslinien der Winkel aufzustellen, die von den Geraden $y = M_1 x + n_1$ und $y = M_2 x + n_2$ gebildet werden (vgl. 9 und 8).

15. Welches sind die Gleichungen der Winkelhalbierenden für die Dreiecke in § 2,3 und § 4,1?

Zweiter Abschnitt.

Der Kreis.

§ 5. Übungen. 1. Welcher Kreis in der Mittelpunktslage geht durch den Punkt [4; 2]?

2. Welcher Kreis berührt die y-Achse im Anfangspunkt und geht durch den Punkt [5; —4]?

3. Welcher Kreis berührt die x-Achse im Anfangspunkt und geht durch den Punkt [—6; —4]?

4. Welcher Kreis berührt beide Achsen und geht durch den Punkt [—4; —3]?

5. Welcher Kreis berührt die y-Achse und geht durch die Punkte [4; 6] und [2; —4]? Wo schneidet er die x-Achse?

6. Welcher Kreis berührt die x-Achse und schneidet die y-Achse in den Punkten + 2 und + 8?

7. Welcher Kreis berührt die x-Achse im Punkte — 5 und schneidet auf der positiven y-Achse eine Sehne von 4 Längeneinheiten ab?

8. Welcher Kreis schneidet die x-Achse in den Punkten + 6 und — 1 und die y-Achse im Punkte — 5? Wo schneidet er die y-Achse außerdem noch?

9. Welcher Kreis schneidet die y-Achse in den Punkten + 6 und — 2 und geht durch den Punkt [5; 3]? Wo schneidet er die x-Achse?

10. Welcher Kreis geht durch die Punkte [0; 0], [—4; 6] und [3; 2], und in welchen Punkten schneidet er die Achsen?

11. Welcher Kreis trifft die y-Achse in den Punkten + 5 und — 7 und schneidet auf der x-Achse eine Sehne von 16 Längeneinheiten ab?

12. Welcher Kreis geht durch die Punkte [5; 2], [—4; —3] und [5; —1]?

13. In den Aufgaben 6—12 ist der Punkt des Kreises festzustellen, der dem Anfangspunkt am nächsten liegt, und der Punkt, der von ihm am weitesten entfernt ist.

Anleitung: Die durch den Anfangspunkt gehende Zentrale liefert die beiden Punkte. Die Aufgabe kann aber auch als Maximum- und Minimum-Aufgabe behandelt werden.

14. Welcher Punkt des Kreises $x^2 + y^2 = 25$ liegt dem Punkte [8; 6] am nächsten, und welcher Punkt ist von ihm am weitesten entfernt?

15. Welche Punkte des Kreises $(x - 4)^2 + (y - 3)^2 = 36$ haben von der Geraden $y = 2x + 3$ die größte und die kleinste Entfernung? Wie groß sind diese Entfernungen?

16. Welche Punkte der beiden Kreise $x^2 + y^2 = 4$ und $(x + 12)^2 + (y - 5)^2 = 25$ haben die größte und die kleinste Entfernung voneinander, und wie groß sind diese Abstände?

17. Die Kreise

a) $x^2 + 12x + y^2 - 8y = 12$;

b) $x^2 - 5x + y^2 - 6 = 0$;

c) $3x^2 + 8x + 3y^2 + 10y = 7\frac{2}{3}$

näher zu untersuchen und ihre Durchschnittspunkte mit den Achsen zu bestimmen.

18. Die Schnittpunkte der Geraden $y = 2x + 3$ mit den Kreisen in Aufg. 17 zu bestimmen und die Länge der abgeschnittenen Sehne zu berechnen.

19. Welche Gleichung hat die Tangente des Kreises $x^2 + y^2 = 169$

a) in dem Punkt, dessen Ordinate negativ und dessen Abszisse gleich -5 ist,

b) die der Geraden $y = \frac{1}{2}x - 4$ parallel ist,

c) die auf der Geraden $y = \frac{1}{2}x - 4$ senkrecht steht,

d) die mit der positiven Richtung der x-Achse einen Winkel von 45^0 bildet,

e) die auf der positiven x-Achse eine Strecke von $17\frac{1}{3}$ Längeneinheiten abschneidet,

f) die durch den Punkt $[26; 3\frac{1}{4}]$ geht?

20. Welcher Kreis in Mittelpunktslage berührt a) die Gerade $y = 3x - 4$, b) die Gerade $\frac{x}{3} - \frac{y}{5} = 1$?

21a. Welcher Kreis berührt die y-Achse im Anfangspunkt und außerdem die Gerade $y = x - 6$?

21b. Welcher Kreis berührt die x-Achse im Anfangspunkt und außerdem die Gerade $y = -\frac{2}{3}x - \frac{16}{3}$?

22. Welcher Kreis berührt beide Achsen und außerdem die Gerade $y = 2x + 8$?

23. Welcher Kreis berührt die Seiten des Dreiecks, dessen Ecken die Koordinaten $[0; 0]$, $[0; 8]$ und $[3; 6]$ haben?

24a. Der Kreis $x^2 + y^2 = 25$ wird von der Geraden $y = \frac{2}{3}x + 2$ geschnitten. Zu bestimmen: 1. die Koordinaten der Schnittpunkte, 2. die Gleichungen der Tangenten in den Schnittpunkten, 3. die Koordinaten des Schnittpunktes der Tangenten, 4. den Winkel, den die Tangenten miteinander bilden, 5. die Gleichungen der Tangenten, die obiger Geraden parallel laufen.

24b. Welchen Winkel bilden die beiden Tangenten miteinander, die man von dem Punkt $[6; 6]$ an den Kreis $x^2 + y^2 = 16$ ziehen kann?

25. Zu beweisen, daß die Gleichung $x_1 x + y_1 y = r^2$ die Polare des Punktes $[x_1; y_1]$ in bezug auf den Kreis $x^2 + y^2 = r^2$ darstellt, wenn dieser Punkt a) außerhalb b) innerhalb des Kreises liegt.

Anleitung. a) Berühren die von $[x_1; y_1]$ gezogenen Tangenten den Kreis in P_2 und P_3, so sind ihre Gleichungen $x_2 x + y_2 y = r^2$ und $x_3 x + y_3 y = r^2$, denen die Koordinaten x_1 und y_1 genügen müssen. Setzt man diese ein, so erkennt man, daß der gegebenen Gleichung sowohl die Koordinaten von P_2 wie auch von P_3 genügen, daß sie also die durch P_2 und P_3 gehende Gerade darstellt.

b) Liegt P_1 innerhalb des Kreises, so bestimme man die Gleichung der durch P_1 gehenden, auf der Zentrale von P_1 senkrechten Geraden und betrachte diese Gerade als Polare eines außerhalb gelegenen Punktes P_4 (vgl. Aufg. 26), dessen Koordinaten ebenfalls zu bestimmen sind. Die auf der Zentrale von P_1 in diesem Punkte senkrechte Gerade stellt alsdann die Polare von P_1 dar.

26. Welcher Punkt hat die Gerade $y = \frac{1}{2} x - 3$ als Polare in bezug auf den Kreis $x^2 + y^2 = 25$?

27. Zu beweisen, daß die Polare sich parallel verschiebt, wenn der Pol sich auf der Zentrale bewegt (und umgekehrt).

28. Zu beweisen, daß, wenn der Pol sich auf einer Geraden bewegt, die Polare sich um den Pol dieser Geraden dreht (und umgekehrt).

Anleitung: Der Pol $[x_1; y_1]$ bewege sich auf der Geraden $x_2 x + y_2 y = r^2$, deren Pol $[x_2; y_2]$ ist.

29. Bei welchem Kreis in Mittelpunktslage schneidet die Polare des Punktes [5; 6] auf der y-Achse eine Strecke von 4 Längeneinheiten ab?

30. Bei welchem Kreis in Mittelpunktslage ist der Pol der Geraden $y = -\frac{1}{2} x + 3$ vom Mittelpunkt um 8 Längeneinheiten entfernt?

31. Zu beweisen, daß die Mittelpunkte paralleler Sehnen auf einem Durchmesser liegen und daß die Tangenten in den Endpunkten dieses Durchmessers jenen Sehnen parallel sind.

32. Ist $(x - a)^2 + (y - b)^2 = r^2$ die Gleichung eines Kreises, so bedeutet $K = (x - a)^2 + (y - b)^2 - r^2$ für einen nicht auf dem Kreise liegenden Punkt die Potenz dieses Punktes in bezug auf den Kreis, d. h. bei einem äußeren Punkt das Quadrat der von ihm aus gezogenen Tangente und bei einem inneren Punkt das negative Quadrat über der Hälfte der durch ihn gehenden kürzesten Sehne.

33. Sind $K_1 = 0$ und $K_2 = 0$ die Gleichungen zweier Kreise und λ eine Konstante, so ist $K_1 + \lambda K_2 = 0$ die Gleichung eines Kreises, der durch die Schnittpunkte der beiden andern geht. Welche geometrische Bedeutung hat λ (nach 32), und welche geometrische Eigenschaft kommt daher allen Punkten des dritten Kreises zu?

34. Welche geometrische Bedeutung hat im besonderen die Gleichung $K_1 - K_2 = 0$ und welche geometrische Eigenschaft die hierdurch dargestellte Linie?

35 Die Gleichung der Chordalen der drei Kreise in Aufg. 17 zu bestimmen und zu zeigen, daß sie sich in einem Punkte schneiden.

36. Denselben Beweis allgemein zu liefern.

Dritter Abschnitt.

Die Parabel.

§ 6. Übungen. 1. Die Scheitelgleichung einer Parabel aufzustellen, die durch den Punkt **a)** [4;6], **b)** [5; −5], **c)** [6; −4] geht.

2. Welche Gleichung hat die Parabeltangente in den Punkten der Aufgabe 1?

3. Welche Gleichungen hat die Tangente der Parabel $y^2 = 4x$ in dem Punkt, dessen

a) Abszisse 4 (Ordinate positiv), **b)** Abszisse 9 (Ordinate negativ), **c)** Abszisse 2 (Ordinate positiv), **d)** Ordinate 2, **e)** 3, **f)** $1\frac{1}{3}$ ist?

4. Welches ist in den einzelnen Fällen der Aufgabe 3 die Gleichung der Normale, die Länge der Tangente, der Normale, der Subtangente und Subnormale?

5. Wo schneidet in den vorigen Fällen die Normale die Parabel zum zweitenmal, und wie groß ist das von ihr abgeschnittene Parabelsegment?

6. Welche Scheitelgleichung hat die Parabel, die die Gerade **a)** $y = 3x + 1$, **b)** $y = \frac{1}{2}x + 3$, **c)** $-\frac{x}{4} - \frac{y}{3} = 1$ berührt?

7. Welche Gleichung hat die Tangente der Parabel $y^2 = \frac{10}{3}x$, die **a)** der Geraden $2x + 3y = 4$ parallel ist, **b)** auf der Geraden $\frac{x}{4} - \frac{y}{3} = 1$ senkrecht steht, **c)** auf den Achsen gleiche Stücke abschneidet, **d)** durch den Punkt [6; 5] geht, **e)** unter einem Winkel von 30^0 zur x-Achse geneigt ist?

8. Welche Gleichung hat die Normale der Parabel, die **a)** auf der x-Achse eine Strecke $2p$, **b)** auf der y-Achse eine Strecke p, **c)** auf der Leitlinie eine Strecke p, **d)** auf beiden Achsen gleiche (wie große?) Strecken, **e)** auf der x-Achse eine doppelt so große Strecke als auf der y-Achse abschneidet?

9. Welche Tangente der Parabel $y^2 = 2px$ hat die Länge $p\sqrt{6}$ und welche Normale die Länge $3p$?

10a. Die Parabel $y^2 = \frac{5}{4}x$ wird von der Geraden $y = x - 5$ geschnitten. 1. Die Schnittpunkte, 2. die Länge der Sehne, 3. die Gleichungen der Tangenten in den Schnittpunkten, 4. den Flächeninhalt des abgeschnittenen Parabelsegments zu bestimmen.

10b. Die Parabel $y^2 = \frac{25}{12}x$ wird von dem Kreise $x^2 + y^2 = 169$ geschnitten. Zu bestimmen: 1. Die Koordinaten der Schnittpunkte, 2. die Gleichungen der Tangenten im Schnittpunkt des ersten Quadranten, 3. den Winkel der Tangenten, 4. die Punkte, wo die Parabeltangente den Kreis und die Kreistangente die Parabel schneidet, 5. die Gleichungen der Tangenten des Kreises, die der Parabeltangente, und der Parabeltangenten, die der Kreistangente parallel sind.

11. Welche Tangente der Parabel $y^2 = 2px$ hat den Abstand p **a)** vom Scheitelpunkt, **b)** vom Brennpunkt?

12. Eine durch den Brennpunkt der Parabel $y^2 = 3x$ gehende Sehne schneidet letztere in einem Punkt, dessen Ordinate $4\frac{1}{2}$ ist. Wie groß ist das abgeschnittene Segment?

13. Zu beweisen, daß die Gleichung $y_1 y = p\,(x_1 + x)$ die Polare des Punktes $[x_1; y_1]$ darstellt, wenn dieser **a)** außerhalb, **b)** innerhalb der Parabel liegt (vgl. § 5, 25).

14. Zu beweisen, daß die Polare sich parallel verschiebt, wenn der Pol auf einem Durchmesser wandert (und umgekehrt).

15. Zu beweisen, daß, wenn der Pol auf einer Geraden wandert, die Polare sich um den Pol dieser Geraden dreht (und umgekehrt).

16. Wie bewegt sich die Polare, wenn sich der Pol in der Richtung auf den Scheitel verschiebt?

17. Zu beweisen, daß Pol, Parabel und Polare auf dem Durchmesser des Pols gleiche Stücke begrenzen.

18. Welche Scheitelgleichung hat die Parabel, bei der zu dem Pol $[-1; 3]$ die Polare $y = x - 1$ gehört?

19. Welches ist der Pol der Geraden $y = \frac{2}{3}x - 2$ in bezug auf die Parabel $y^2 = \frac{5}{2}x$?

20. Durch die 3 Punkte der Parabel $y^2 = 12x$, deren Ordinaten 2, 3 und 6 sind, hat man die Tangenten gezogen. Welches sind die Koordinaten ihrer Schnittpunkte, und welche Gleichung hat der durch die Schnittpunkte gehende Kreis?

21. Folgende Sätze zu beweisen:

a) Für den Schnittpunkt zweier Tangenten ist die Ordinate gleich dem arithmetischen Mittel zwischen den Ordinaten der Berührungspunkte, die Abszisse gleich dem geometrischen Mittel zwischen den Abszissen der Berührungspunkte.

b) Wenn sich zwei Parabeltangenten rechtwinklig schneiden, so gelten folgende Sätze: 1. Ihr Schnittpunkt liegt auf der Leitlinie; 2. Die Berührungssehne geht durch den Brennpunkt; 3. die Verbindungslinie des Schnittpunkts mit dem Brennpunkt steht auf der Berührungssehne senkrecht.

c) Umkehrungssätze zu b).

d) Der Schnittpunkt zweier Tangenten liegt auf dem durch die Mitte der Berührungssehne gezogenen Durchmesser, und die Strecke des Durchmessers zwischen dem Schnittpunkt und der Berührungssehne wird von der Parabel halbiert.

e) Zieht man 3 Tangenten an eine Parabel, so ist das von ihnen begrenzte Dreieck halb so groß als das von den Berührungspunkten gebildete.

Vierter Abschnitt.

Die Ellipse.

§ 7. Übungen. **1.** Welche Mittelpunktsgleichung hat die Ellipse

a) deren Hauptachse gleich 10 und deren Exzentrizität gleich 8 ist,

b) deren Nebenachse gleich 8 ist und die durch den Punkt $[-3\frac{1}{2}; -2\frac{1}{2}]$ geht,

c) deren Exzentrizität gleich 6 und deren Parameter gleich $6\frac{2}{5}$ ist,

d) die durch die Punkte $[4; 3]$ und $[-5; 2]$ geht?

2. Welche Gleichung hat die Tangente der Ellipse $9x^2 + 16y^2 = 144$

a) in dem Punkt, dessen Ordinate positiv und dessen Abszisse gleich 2 ist,

b) die auf der x-Achse eine Strecke -6 abschneidet,

c) die auf den Achsen gleiche Stücke abschneidet,

d) die der Verbindungslinie zweier ungleichartigen Scheitel parallel läuft,

e) die der Verbindungslinie eines Brennpunktes mit einem Nebenscheitel parallel läuft?

f) die der Geraden $y = \frac{3}{2}x - 3$ parallel läuft?

3. a) In 2 a die Länge der Tangente zu berechnen,
b) in 2 b die Länge der Normale zu berechnen,
c) in 2 c die Länge der Tangente zwischen den Achsen zu bestimmen,
d) in 2 d die Länge der Tangente zwischen den Achsen, die Länge der Normale und den zweiten Schnittpunkt der Normale mit der Ellipse zu bestimmen.

4. Welche Tangente der Ellipse $b^2x^2 + a^2y^2 = a^2b^2$ ist
a) gleich ihrer Normale, **b)** doppelt so lang als die Normale?

5. Wie lang sind Tangente und Normale im Endpunkte des Parameters?

6 a. Welche Normale der Ellipse geht durch einen Nebenscheitel?

6 b. Welche Tangente der Ellipse $b^2x^2 + a^2y^2 = a^2b^2$ (im ersten Quadranten) schneidet auf der y-Achse die Strecke a ab, welches ist die Gleichung der zugehörigen Normale und welches der Inhalt des Doppelkegels, der von der Tangente und der Normale bei der Umdrehung um die y-Achse beschrieben wird?

7 a. Die Ellipse $3\,x^2 + 4\,y^2 = 48$ wird von der Geraden $y = \frac{1}{2}\,x + 2$ geschnitten. Zu bestimmen: 1. die Achsen der Ellipse, 2. die Koordinaten der Schnittpunkte, 3. die Gleichungen der Tangenten in den Schnittpunkten, 4. die Koordinaten des Schnittpunkts der Tangenten und den von ihnen gebildeten Winkel. Anl. zu 1 und 3: Bringe die Gleichung auf die Form $\frac{x^2}{a^2} + \frac{y^2}{b^2} = 1$ und danach auf die Form $b^2x^2 + a^2\,y^2 = a^2b^2$, aus der die Tangentengleichung folgt. Kann man die letztere auch unmittelbar aus der ursprünglichen Gleichung nach dem Bildungsgesetz erhalten?

7 b) Die Ellipse $4\,x^2 + 9\,y^2 = 36$ wird von dem Kreise $x^2 + y^2 = 5\frac{1}{4}$ geschnitten. Zu bestimmen 1. die Koordinaten der Schnittpunkte, 2. die Gleichungen der Tangenten in dem Schnittpunkt des ersten Quadranten, 3. den Winkel der Tangenten, 4. die Gleichung der Ellipsentangente, die auf der Kreistangente senkrecht steht.

7 c. Der Ellipse $9\,x^2 + 25\,y^2 = 225$ je ein Quadrat ein- und umzubeschreiben und ihre Inhalte zu berechnen.

7 d. Der Ellipse $4\,x^2 + 9\,y^2 = 36$ ist ein gleichseitiges Dreieck eingezeichnet. Welchen Flächeninhalt hat dieses Dreieck, wenn eine Ecke a) in einem Endpunkt der Hauptachse, b) in einem Endpunkte der Nebenachse, c) in einem Brennpunkt liegt und die beiden anderen Endpunkte auf der Ellipse symmetrisch zu einer der Achsen liegen?

8. Zu beweisen, daß die Gleichung $b^2x_1x + a^2y_1y = a^2b^2$ die Polare eines Punktes $[x_1;\, y_1]$ darstellt, wenn dieser Punkt a) außerhalb, b) innerhalb der Ellipse liegt.

9. Zu beweisen, daß sich die Polare parallel verschiebt, wenn ihr Pol sich auf einem Durchmesser bewegt (und umgekehrt).

10. Zu beweisen, daß, wenn der Pol sich auf einer Geraden bewegt, die Polare sich um den Pol dieser Geraden dreht (und umgekehrt).

11. Welches ist bei der Ellipse $9x^2 + 25y^2 = 225$
a) die Polare des Punktes [5; 5],
b) die Polare des Durchschnittspunktes des Hauptkreises mit der negativen y-Achse,
c) die Polare des Brennpunktes?

12. Welches ist bei der Ellipse $b^2x^2 + a^2y^2 = a^2b^2$ der Pol
a) der Verbindungslinie zweier ungleichartigen Scheitel,
b) der Verbindungslinie eines Nebenscheitels mit einem Brennpunkt,
c) der Verbindungslinie eines Brennpunkts mit dem einen Endpunkt des Parameters im anderen Brennpunkt?

13. Für welchen Punkt der Ellipse verhalten sich die Brennstrahlen wie 2 : 1?

14. Für welchen Punkt stehen die Brennstrahlen aufeinander senkrecht?

15. Welches ist die Gleichung eines Brennstrahls, der die halbe kleine Achse halbiert, und welches ist der Pol dieses Strahls?

16. Welcher Durchmesser ist dem Durchmesser zugeordnet, der a) der Geraden in 12 a, b) der Geraden in 12 b, c) der Geraden in 12 c parallel läuft, d) den Winkel zwischen den Achsen halbiert?

17. Verschiebt man eine Sehne parallel, so bewegt sich ihr Pol auf dem konjugierten Durchmesser.

18. Die Gleichungen zweier konjugierten Durchmesser einer Ellipse sind $y = \frac{3}{4}x$ und $y = -\frac{2}{3}x$. Wie verhalten sich die Achsen, und wie groß ist die Exzentrizität?

19. Ist es möglich, daß zwei konjugierte Durchmesser **a)** den Brennstrahlen eines Punktes der Ellipse, **b)** den Verbindungslinien eines Ellipsenpunktes mit den Enden der Nebenachse parallel sind?

20 a) Den Winkel zwischen zwei konjugierten Durchmessern zu bestimmen.
b) Welche konjugierten Durchmesser liegen zugleich symmetrisch zu den Achsen?

21. Zu beweisen, daß die Summe der Quadrate von je zwei konjugierten Durchmessern einer Ellipse konstant ist.

22. Zu beweisen, daß die Parallelogramme gleich sind, **a)** deren Ecken die Endpunkte von je zwei konjugierten Durchmessern, **b)** deren Seiten die Tangenten in diesen Endpunkten sind.

Fünfter Abschnitt.

Die Hyperbel.

§ 8. Übungen. 1. Welche Mittelpunktsgleichung hat die Hyperbel,
a) deren große Achse gleich 8 und deren Exzentrizität gleich 10 ist,
b) deren Exzentrizität gleich 8 und deren Parameter gleich 12 ist,
c) die durch die Punkte [4; 3] und [5; —4] geht,
d) die durch den Punkt [5; 4] geht und gleichseitig ist?

2. Eine Hyperbel hat die Gleichung $6x^2 - 8y^2 = 48$. Welche Gleichung hat die Tangente
a) in dem Punkt, dessen Abszisse gleich 3 und dessen Ordinate positiv ist,
b) im unteren Endpunkt des linken Parameters,
c) die auf den Achsen gleiche Stücke abschneidet,
d) die auf der y-Achse eine Strecke von 2 Längeneinheiten abschneidet?

3. entsprechend § 7, 4.

4. entsprechend § 7, 5.

5. Welche gleichseitige Hyperbel (in der Mittelpunktslage) hat die Gerade $y = \frac{2}{3} x + 3$ zur Tangente?

6. Welche Hyperbel hat die Gerade $y = \frac{3}{4}x$ zur Asymptote und geht durch den Punkt [2; 1]?

7 a. Eine Hyperbel hat die Gleichung $4 x^2 - 5 y^2 = 80$. Zu bestimmen: 1. die Länge der Achsen und der Exzentrizität, 2. den Neigungswinkel der Asymptoten zur x-Achse, 3. die Gleichung der Geraden, die den rechts gelegenen Brennpunkt mit dem Punkt der Hyperbel verbindet, dessen Abszisse gleich 5 und dessen Ordinate positiv ist, 4. den zweiten Schnittpunkt dieser Geraden mit der Hyperbel, 5. die Gleichungen der Tangenten in den Schnittpunkten und den von ihnen gebildeten Winkel, 6. die Gleichungen der Hyperbeltangenten, die der Geraden parallel sind.

7 b. Die Hyperbel $8 x^2 - 3 y^2 = 54$ wird von der Parabel $y^2 = 8 x$ geschnitten. Zu bestimmen 1. die Koordinaten der Schnittpunkte, 2. die Gleichungen der Tangenten im Schnittpunkt des vierten Quadranten, 3. den Winkel der Tangenten, 4. die Gleichung der Parabeltangente, die auf der Hyperbeltangente senkrecht steht, 5. die Schnittpunkte der Asymptoten mit der Parabel.

7 c. Dem einen Ast der Hyperbel $4 x^2 - 25 y^2 = 100$ ist ein gleichseitiges Dreieck so eingezeichnet, daß eine Ecke mit dem Scheitel zusammenfällt. Den Flächeninhalt des Dreiecks zu berechnen.

8—10 entsprechend § 7, 8—10.

11. entsprechend § 7, 11 in bezug auf die Hyperbel $9 x^2 - 25 y^2 = 225$.

12. entsprechend § 7, 13.

13. entsprechend § 7, 14.

14. entsprechend § 7, 17.

15. Die Gleichungen zweier konjugierten Durchmesser einer Hyperbel sind $y = \frac{3}{4} x$ und $y = \frac{1}{3} x$. Wie verhalten sich die Achsen, und wie groß ist die Exzentrizität?

16. entsprechend § 7, 19*a*.

17. entsprechend § 7, 20.

Sechster Abschnitt.

Kurvenuntersuchungen und geometrische Örter.

§ 9. Übungen: Die folgenden Gleichungen näher zu untersuchen und die durch sie dargestellten Kurven nach Verlegung des Achsensystems zu zeichnen. (Vgl. Anhang III zur Unterstufe, wo die Kurven zu 1 — 4 auf Tafel I gezeichnet vorliegen).

1. $y = \sqrt{(8 - x) \cdot x}$

2. $xy = 9$.

3. $y = \frac{9}{x} + x$.

4. $y = \frac{9}{x} - x$.

5. $5x^2 - 4xy + 2y^2 - 16 = 0.$
6. $3x^2 - 24xy - 4y^2 + 156 = 0.$
7. $9x^2 + 48xy - 5y^2 = 0.$
8. $3x^2 + 12xy - 2y^2 + 84 = 0.$
9. $15x^2 - 12xy + 10y^2 - 114 = 0.$
10. $x^2 + 4xy - 2y^2 - 12 = 0.$
11. $9x^2 + 24xy + 2y^2 - 126 = 0.$
12. $9x^2 + 12xy + 4y^2 - 52 = 0.$
13. $9x^2 + 12xy + 4y^2 - 4x + 6y = 0.$
14. $5x^2 - 4xy + 2y^2 + 8x + 6y + 19 = 0.$
15. $25x^2 - 24xy + 18y^2 + 20x - 15y - 301\frac{55}{136} = 0.$
16. $100x^2 + 240xy - 61y^2 + 340x - 119\frac{1}{205} = 0.$
17. $159x^2 - 120xy + 40y^2 - 100x + 20y - 669\frac{103}{138} = 0.$

§ 10. Geometrische Örter, deren Gleichungen aufzustellen und zu deuten sind.

Welches ist der geometrische Ort für einen Punkt P,

1. der eine zwischen den Koordinatenachsen gleitende Strecke s **a)** halbiert, **b)** im Verhältnis $m : n$ teilt,

2. der die Verbindungsstrecke eines jeden Kreispunktes mit einem Punkt innerhalb oder außerhalb des Kreises im Verhältnis $m : n$ teilt,

3. der die Verbindungsstrecke eines jeden Punktes **a)** einer Parabel, **b)** einer Ellipse, **c)** einer Hyperbel mit einem Brennpunkt im Verhältnis $m : n$ teilt,

4. desgl., wenn es sich um die Verbindungsstrecke mit einem Scheitel handelt,

5. desgl., wenn es sich bei Ellipse und Hyperbel um die Verbindungsstrecke mit dem Mittelpunkt handelt.

6. desgl., wenn es sich um die Verbindungsstrecke mit einem beliebigen Punkt handelt,

7. der jede durch den Brennpunkt gehende Sehne einer Parabel halbiert,

8. der von jedem Punkte eines Kreises a) in wagerechter, b) in senkrechter Richtung (in demselben Sinne) um eine gegebene Strecke q entfernt ist,

9. desgl. für die Parabel,

10. desgl. für die Ellipse,

11. desgl. für die Hyperbel,

12. dessen Abstände von einem gegebenen Punkt A (PA) und einer gegebenen Geraden L (PB) **a)** eine konstante Summe, **b)** eine konstante Differenz, **c)** ein konstantes Verhältnis, **d)** eine konstante Summe der Quadrate, **e)** eine konstante Differenz der Quadrate haben, **f)** die Gleichung $mPA^2 + n PB^2 = c^2$ erfüllen,

13. dessen Abstände von zwei gegebenen Punkten A und B **a)** eine konstante Summe der Quadrate, **b)** eine konstante Differenz der Quadrate, **c)** ein konstantes Verhältnis haben, **d)** die Gleichung $mPA^2 + nPB^2 = c^2$ erfüllen,

14. dessen Abstände PA und PB von den Achsen **a)** eine konstante Summe, **b)** eine konstante Differenz, **c)** ein konstantes Produkt, **d)** ein konstantes Verhältnis, **e)** eine konstante Summe der Quadrate, **f)** eine konstante Differenz der Quadrate haben, **g)** die Gleichung $m\,PA^2 + n\,PB^2 = c^2$, **h)** die Gleichung $q : PA = PA : PB$ erfüllen, **i)** sich verschieben, indem sich AB um den Punkt $[a; b]$ dreht,

15. der von einem gegebenen Kreis und einem **a)** innerhalb, **b)** außerhalb gelegenen Punkt gleich weit entfernt ist,

16. dessen Abstände von einem gegebenen Kreis und einer gegebenen Geraden **a)** gleich sind, **b)** im Verhältnis $m : n$ stehen?

---

17. Ein Quadrat $ABCD$ bewegt sich so, daß A auf der x-Achse, B auf der y-Achse gleitet. Welches ist der geometrische Ort für C, wenn **a)** $OA + OB = c$, **b)** $OA - OB = c$, **c)** $OA \,.\, OB = c^2$, **d)** $OA = m \,.\, OB$, **e)** $OA^2 + OB^2 = c^2$, **f)** $OA^2 - OB^2 = c^2$, **g)** $mOA^2 + nOB^2 = c^2$, **h)** AB sich um den Punkt $[a; b]$ dreht?

18. Ein rechtwinkliges Dreieck ABC bewegt sich so, daß der Scheitel des rechten Winkels, B, auf der y-Achse gleitet, während die Hypotenuse mit der Ecke A stets auf der x-Achse senkrecht steht. Welchen geometrischen Ort beschreibt C, wenn AB **a)** sich um B dreht, **b)** parallel verschoben wird?

Siebenter Abschnitt.

Polargleichungen der Kegelschnitte.

§ 11. Übungen (O X § 43).

1. Die Polargleichungen der Kegelschnitte für den Brennpunkt als Anfangspunkt a) aus ihren Gleichungen in rechtwinkligen Koordinaten abzuleiten; b) mit Rücksicht darauf abzuleiten, daß die Abstände eines Punktes von Brennpunkt und Leitlinie sich wie $e : a$ verhalten.

2. Aus p und ε die Länge der Achsen zu berechnen.

3. Verlängert oder verkürzt man die Brennstrahlen eines Kegelschnitts in einem beliebigen Verhältnis ($1 : m$ oder $m : 1$), so entsteht wiederum ein Kegelschnitt derselben Art. Die Achsen dieser Kegelschnitte zu berechnen.

4. Sind r_1 und r_2 die Brennstrahlen zweier Punkte eines Kegelschnitts und φ und $\varphi + 180^0$ die zugehörigen Winkel, so daß die Brennstrahlen eine Gerade bilden, so ist $\frac{1}{r_1} + \frac{1}{r_2} = \frac{2}{p}$.

5. Die Differenz zweier Brennstrahlen eines Kegelschnitts verhält sich zur Differenz ihrer Projektionen auf die x-Achse wie $e : a$.

6. Die Polargleichungen von Ellipse und Hyperbel für den Mittelpunkt als Anfangspunkt aus ihren Gleichungen in rechtwinkligen Koordinaten abzuleiten.

7. Den Satz 3 auch für den Fall 6 abzuleiten, indem die vom Mittelpunkt ausgehenden Fahrstrahlen verlängert oder verkürzt werden.

Anhang:

Aufgaben zur Renten- und Lebensversicherung.

Vorbemerkung: Für die folgenden Aufgaben 1—9 sind die auf Grund eines Zinsfußes von $3\frac{1}{2}\%$ berechneten Sterbetafeln zu benutzen und zwar bei Versicherungen auf den Erlebensfall (Rentenversicherungen) wie bei den eigentlichen (auch abgekürzten) Lebensversicherungen (Tabellen zur Renten- und Lebensversicherung, nach der Statistik des Deutschen Reiches, 1908, Bd. III diskontiert von Professor Otto Nitsche Charlottenburg). In allen Fällen, wo dies nicht besonders erwähnt, soll von den Verwaltungs- und anderen Kosten abgesehen und nur mit der Nettoprämie gerechnet werden.

1. Jemand will sich im Alter von 32 Jahren eine Summe von 1000 M. sichern, die ihm im Erlebensfall nach 18 Jahren ausgezahlt werden soll. Wie groß ist a) die einmalige, b) die auf die drei ersten Jahre verteilte, c) die jährliche Prämie?

2. Ein Fünfzigjähriger will ein Kapital von 10 000 M. zu einer Leibrente verwenden. Wie groß wird die Leibrente sein, wenn sie a) mit dem vollendeten 60ten Lebensjahr, b) sofort beginnen soll?

3. Im Alter von 38 Jahren will sich jemand eine dreimalige Rente sichern, die ihm im Erlebensfall im Alter von 55, 60 und 65 Jahren ausgezahlt werden soll. Wie groß wird die Rente sein, wenn er für den Einkauf a) 3000 M. bar, b) dreimal 1000 M. in jährlichen (nur im Erlebensfall zu leistenden) Zahlungen verwendet?

4. Durch jährliche Prämien von 400 M. will sich jemand im Alter von 30 Jahren eine Leibrente erkaufen, die ihm jährlich von der Vollendung des 55. Lebensjahres an gezahlt werden soll. Wie groß wird die Leibrente sein, wenn die Pflicht der Prämienzahlung nur so lange besteht, wie der Versicherte lebt, und spätestens mit der ersten Rentenzahlung erlischt?

5 a. Eine Sterbekasse hat die Bestimmung, daß bei einem Sterbefall in den 3 ersten Jahren der Versicherung nur die Hälfte, in den 3 folgenden nur $\frac{3}{4}$ der Versicherungssumme und erst von da an die volle Summe ausgezahlt wird. Wie hoch stellt sich für einen 35-Jährigen der jährliche Beitrag, wenn das Sterbegeld sich auf 1000 M. beläuft?

5 b. Eine Sterbekasse zahlt im Todesfall 150 M. während des ersten, 200 M. während des zweiten, 250 M. während des dritten Jahres der Mitgliedschaft, 300 M. nach vollendeter dreijähriger und dazu nach fünfjähriger Mitgliedschaft 10%, nach zehnjähriger Mitgliedschaft 15% der eingezahlten Beiträge. Welchen vierteljährlichen Beitrag muß sie mindestens von einem Mitglied erheben, der im Alter von 25 Jahren beitritt?

6 a. Wie groß ist die Nettoprämie für einen Mann, der sich im Alter von 30 Jahren mit 10 000 M. auf den Todesfall versichert? Wie groß aber, wenn die Summe spätestens nach 30 Jahren ausgezahlt werden soll?

6 b. Eine Versicherungsgesellschaft nimmt von einem 40 jährigen Teilnehmer, der sich auf den Todesfall mit 8000 M. versichert, eine jährliche Bruttoprämie von 272 M. a) Wieviel % Zuschlag zur Nettoprämie erhebt sie damit? b) Wie groß ist die Prämienreserve am Ende des ersten und des zehnten Jahres der Versicherung?

7. Bei einer abgekürzten Lebensversicherung, die jemand im Alter von 42 Jahren eingeht, soll die Versicherungssumme von 25 000 M. beim Todesfalle, spätestens aber bei Vollendung des 60. Lebensjahres ausgezahlt werden. Wie groß ist die jährliche Bruttoprämie, wenn für Verwaltungskosten und unvorhergesehene Ereignisse ein Zuschlag von 20% zur mathematischen Nettoprämie berechnet wird?

8. Jemand versichert sich im Alter von 28 Jahren auf den Todesfall mit 5000 M., welche Summe aber spätestens nach Vollendung des 60. Lebensjahres auszuzahlen ist. a) Wie groß sind die jährlichen Prämien zu bemessen, wenn sie höchstens 12 mal gezahlt werden sollen? b) Wie groß ist die Prämienreserve nach Ablauf dieser 12 Jahre?

9. Ein 32-jähriger Mann versichert sein Leben mit 25 000 M., welche Summe im Todesfall oder bei Vollendung des 58. Lebensjahres, in diesem Fall mit 20% Aufschlag, ausgezahlt werden soll. Er will nur 8 jährliche Prämien bezahlen. Wie groß ist die Nettoprämie und die Prämienreserve nach 3 Jahren?

Inhalt der Unterstufe, Ausgabe B
ohne Übungen

I. Planimetrie.
II. Arithmetik und Algebra.
III. Anfangsgründe der ebenen Trigonometrie.
IV. Anfangsgründe der Stereometrie.
Anhang I: Von der geometrischen Konstruktionsaufgabe.
Anhang II: Anleitung zum perspektivischen Zeichnen räumlicher Gebilde und zu ihrer Darstellung in Grund- und Aufriß.
Anhang III: Grundzüge der graphischen Darstellung.

Inhalt der Oberstufe, Ausgabe B
ohne Übungen

I. Einleitung in die neuere Geometrie.
II. Grundzüge der darstellenden Geometrie.
III. Grundzüge der synthetischen Geometrie der Kegelschnitte.
IV. Arithmetik und Algebra.
V. Ebene Trigonometrie.
VI. Stereometrie.
VII. Sphärische Trigonometrie nebst Anwendung auf die mathematische Erd- und Himmelskunde.
VIII. Grundzüge und Anwendungen der Differentialrechnung in engster Verbindung mit der Lehre von den Funktionen.
IX. Grundzüge und Anwendungen der Integralrechnung.
X. Analytische Geometrie der Ebene.

FSC
www.fsc.org
MIX
Papier | Fördert
gute Waldnutzung
FSC® C083411

Kolibri 360 GmbH
Ferdinand-Jühlke-Straße 7
99095 Erfurt, Deutschland
produktsicherheit@kolibri360.de